今日からモノ知りシリーズ

トコトンやさしい

NC旋盤の本

澤 武一

NC工作機械の中では、マシニングセンタとNC旋盤が中心選手ですが、マシニングセンタは試作加工などで力を発揮するのに対し、NC旋盤は量産加工現場で主力としての役割を担っています。このNC旋盤について、必要な知識をやさしくひも解きます。

B&Tブックス
日刊工業新聞社

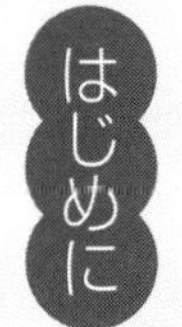

この本を手に取った方は、すでに「NC旋盤」がどのようなものかを理解している人が多いと思いますが、NC旋盤という単語は聞いたことがあるけれど、詳しいこと、どんなものかは知らないという方もいるかもしれません。

本書はNC旋盤について、その「起源（誕生）、構造（仕組み）・装備・NC制御・段取り・加工のポイントとノウハウ」にいたるまでを網羅し、トコトンやさしく解説しています。NC旋盤についてこれから勉強する方には「はじめの一歩」として、NC旋盤に関わるいろいろな知識を習得していただける内容になっています。また、現在NC旋盤を操作している方の中には理論的に教わった人（学んだ人）の方よりも、「職場の先輩から教わった、今は経験や勘で行っている」という人が多いのではないでしょうか。そのような方には、日頃行っている作業の理論的な裏付けを学んでもらえると思いますし、本書は全67項目と豊富な内容になっていますので、新しい知見も得られるかもしれません。基礎知識を習得することにより頭の中の点と点が線になり、新しい考え方や段取り方法が見出せるようになります。本書がそのきっかけになれば幸甚です。

さて、言葉には国語辞典で定義された本来の意味がありますが、著者が深くお付き合いさせていただいている機械加工を営む経営者の方から教えてもらった「言葉と定義」があるので紹介したいと思います。それは「作品」、「製品」、「商品」の違いです。芸術家のように自身の創作意欲を満足させるためにつくられたモノが「作品」、精度や表面粗さなど機能的な要素を入れてつくられたモノが「製品」、そして製品に納期を加えて「商品」という定義です。機械加工は作品をつくっているのでなく、商品をつくっているということを常に考えなければいけません。

それでは「商品をつくる」とはどういうことなのか考えてみると、たとえば学校のテストや資格試験では一般に60点なら合格、80点以上なら高評価といわれます。しかし、機械加工では80点は不合格です。機械加工では許容寸法、表面粗さを図面通りに加工し、定められた納期に仕上げなければ「不適合品(NG)」になってしまいます。寸法や表面粗さが少し間違っていても「適合(OK)」とはなりません。さらに、寸法や表面粗さは適合(OK)していても、納期内につくれなくては、これも「不適合品(NG)」と評価されてしまいます。このように、機械加工は常に100満点を取らなければならない過酷な作業なのです。100満点を取る近道はありませんが、理論的な知見に基づく丁寧で、正しい作業(段取り)を行うことにより100満点を取る確率は高まります。本書がNC旋盤加工に従事されている方々の100点満点を取る一助になればうれしく思います。

最後になりましたが、本書を執筆する機会を与えていただきました日刊工業新聞社の奥村　功さま、企画段階から貴重なアドバイスを賜りましたエム編集事務所の飯嶋光雄さま、また本文デザインを担当していただいた志岐デザイン事務所の大山陽子さまに厚く御礼申し上げます。

令和2年1月

澤　武一

トコトンやさしい

NC旋盤の本

目次

第1章 NC旋盤って何？

第2章 NC旋盤の構造と装備

第3章 知っておきたいNC制御の基礎知識

第4章 NC旋盤の段取り

第5章 NC旋盤加工のポイントとノウハウ

コラム

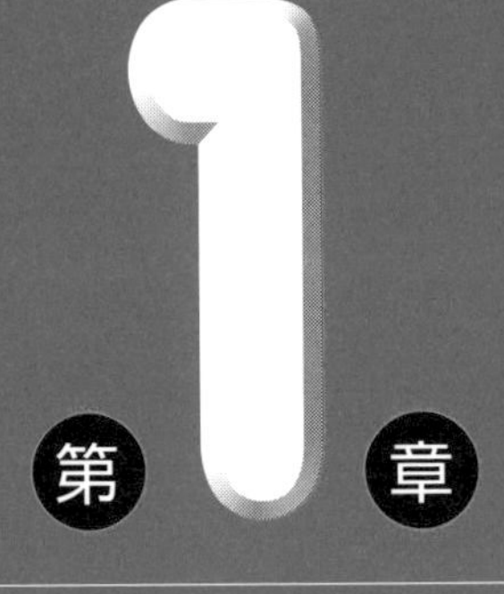

第1章 NC旋盤って何?

1 旋盤と旋盤加工

旋盤は工作機械の一種

旋盤は「機械」です。機械は動力(エネルギー)によって一定の運動・仕事をするモノの総称です。動力の種類には古来より、馬や水(水力)、風(風力)、火(火力)などがあり、機械には、農業で使用される農業機械、服や布を織るときに使用される繊維機械(織機)、自動車や電車などの運輸機械、土木や建築、インフラ整備などで使用される建設機械などがあります。そして、木材や金属を削るときに使用する機械を「工作機械」といいます。つまり、「工作機械」の一種が「旋盤」です(図1)。

旋盤は棒状の材料を削るときに使用する工作機械で、旋盤をテレビなどで見る機会があるのは伝統工芸の「こけし」をつくるシーンです。旋盤は材料を回転させ、回転している材料に刃物を押し当て、不要な部分を削り取ることによって目的の形状をつくる工作機械です。このため、使用する刃物の刃先の形や刃物の動かした方を変えることによっていろいろな形状をつくることができます。旋盤を応用した身近な製品に、「リンゴの皮むき機」があります。リンゴの皮むき機は回転する軸にリンゴを取り付け、軸(リンゴ)を回転させ、刃物を皮に食い込まて、回転の力を利用して皮をむきます。リンゴは軟らかいので人の手で皮をむくことができますが、木材や金属は硬く、とくに金属は人の力で削ることはできません。そこで機械の力(モータの回転力)を使うことで、削ることができるようになります。木材を削る際に使用される旋盤と、金属を削る際に使用される旋盤の構造や仕組みはほとんど同じですが、モータの動力(パワー)が違い、金属で使用される旋盤の方がモータの動力が大きくなっています。金属は木材よりも硬く、削るためには大きなパワーが必要だからです。

材料に手を加えて新しい形をつくることを「加工」といいます。料理は食材に手を加えて、いろいろなメニューをつくるので料理も加工の一種といえます。

要点BOX
- ●あらゆるモノの源流に位置する「工作機械」
- ●工作機械はモータの力で動く
- ●材料に手を加えてモノをつくることが「加工」

図1　あらゆるモノの源流に位置するのが「工作機械」

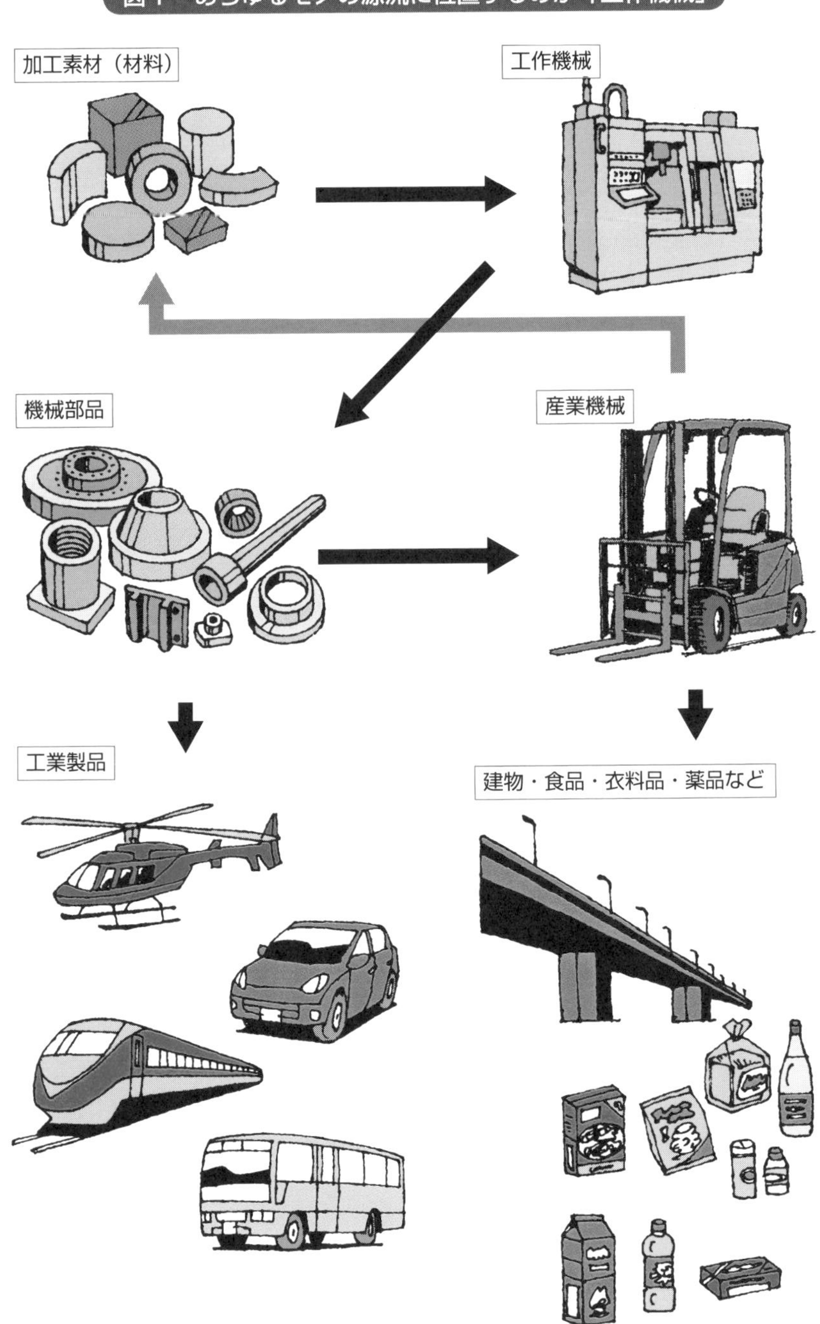

11

2 工業製品と工作機械

産業を支えるのが工業

農業や林業、漁業、商業、金融業、不動産業、製造業など私たちが生活するうえで必要とされるモノを生み出したり、提供したりする経済活動のことを「産業」といい、「材料に手を加え、私たちの生活に必要な製品をつくる産業」を「工業」といいます。工業には図1のように機械をはじめ金属、化学、食料品、繊維などがあり、工業によってつくられる製品を総称して「工業製品」といいます。製造業と工業はほぼ同じ意味で、互換性のある言葉です。私たちの身の回りには工業製品が溢れており、私たちは工業製品によって便利に、快適に生活することができています。停電になると不便を感じることが多いことからも工業製品の大切さを知ることができ、私たちの生活は工業製品に支えられているといっても過言ではないでしょう。工業製品は複数の部品を組み立ててつくられており、自動車は約2~3万個、大型の旅客機（飛行機）は約400~500万個、スマートフォン（携帯電話）は約800~1000個の部品で構成されています。私たちは工業製品を見たり、使ったりすることは多いですが、構造部品に気を留めることはほとんどありません。気を留めるのは故障や修理のときくらいでしょうか。工業製品に使われている構造部品をつくっているのが図2のような「工作機械」です。本書で解説するNC旋盤がこの世になかったとすれば、工業製品はつくれなくなり、私たちの生活は一変します。私たちの生活は工業製品が支えているのではなく、工作機械が支えているともいえるでしょう。工作機械は工業製品を産み出す機械ですので、母なる機械「マザーマシン（Mother Machine）」といわれます。日本は工作機械をつくる技術、工作機械を使ってモノをつくる技術（製造技術）が他国よりも優れています。日本は石油、金属、食料など資源の少ない国です。製造技術は日本の価値ある資源であり、製造技術に携わる人材を育てていかないといけません。

要点BOX

- ●モノづくりが工業、ことづくりが産業
- ●工作機械は母なる機械「マザーマシン」という
- ●製造技術は日本の価値ある資源

図1　工業の種類と私たちの回りの工業製品

（経済産業省HPを参考に作図）

図2　代表的な工作機械

立形マシニングセンタ

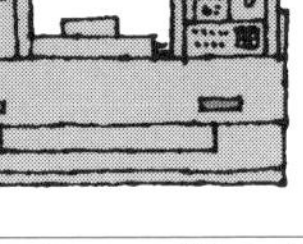

横形マシニングセンタ

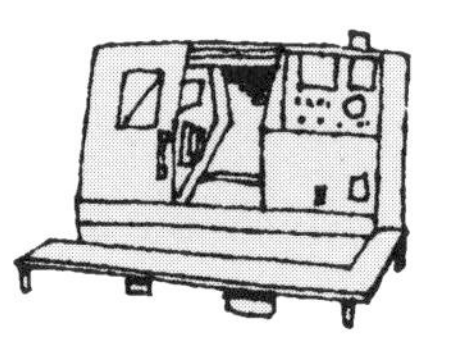

NC旋盤

3 普通旋盤と立て旋盤

基本的な構造に大きな差異はない

主軸が地面に対して水平（横）に向いている旋盤を「普通旋盤」、主軸が地面に対して垂直（上）に向いているものを「立て旋盤」といいます（図1）。普通旋盤は「横旋盤」とはいいませんので注意してください。

普通旋盤と立て旋盤は基本的な構造に大きな差異はなく、立て旋盤は普通旋盤を主軸頭を下にして、地面に立てたものと考えればよいでしょう。工作物は普通旋盤と同じように主軸に取り付けたチャックで固定しますが、立て旋盤では主軸が垂直を向いているため、フライス盤やマシニングセンタの回転テーブルの上に設置するのと同じになります。バイトが上下方向（垂直方向）に移動し、工作物を削ります。

立て旋盤は主軸が水平に向いている普通旋盤では固定が難しい、大径、重量な工作物の加工に適しています（図2）。また、普通旋盤では長尺な工作物をチャックで固定すると、「片持ち」になるため自重によってたわみますが、立て旋盤では自重でたわむことはありません。普通旋盤では心押し台を取り付け、「両端支持」にすることで、たわみを抑制することができますが、立て旋盤では心押し台はありません。普通旋盤は小径・短尺な工作物の加工に適しています。

立て旋盤は重心が偏っている異形状の加工にも適しています（図3）。普通旋盤では主軸が水平なため、重心が偏っている異形状の工作物では重力と遠心力が不均等になりますが、立て旋盤では重力と遠心力が均等になるため、普通旋盤よりも加工精度が高くなります。大径で重量な工作物は重力が加工精度に大きく影響します。地球上には重力がありますので、重力に逆らわない構造や仕組みを考えることが大切です。小径、短尺な工作物は普通旋盤、大径、重量な工作物は立て旋盤という使い分けになります。

立て旋盤は設置スペースが小さいという利点があり、フライス盤など立形の工作機械とラインを組むときにも有利です。

要点BOX
- ●立て旋盤は普通旋盤を地面に立てたもの
- ●主軸の向きが違う「普通旋盤」と「立て旋盤」
- ●重力に逆らわないモノづくりが大切

図1　普通旋盤と立て旋盤

主軸台　刃物台　送り台　心押し台　ベッド　往復台

普通旋盤

主軸が地面に対して水平（横）を向いている

普通旋盤は主軸が水平なため、機械本体が垂直方向には高くならないが、横方向には長くなる。

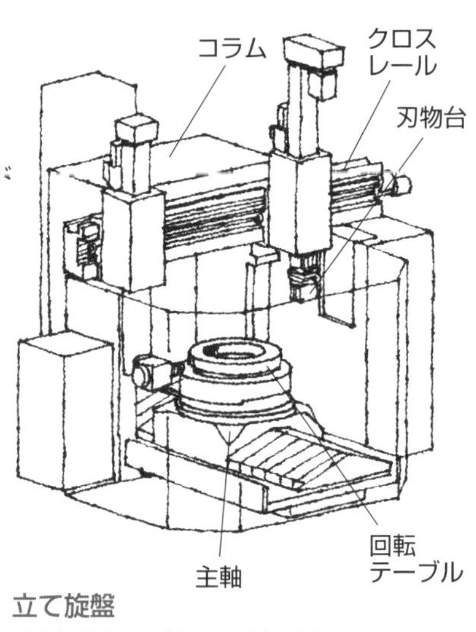

立て旋盤

主軸が地面に対して垂直（上）を向いている

立て旋盤は主軸が垂直なため、機械本体が垂直方向には高くなるが、横方向には長くならない。

図2　立て旋盤の加工の様子

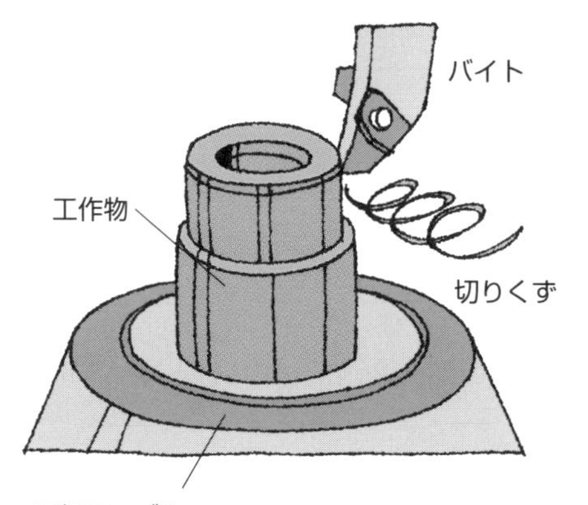

地球上には重力があるので、重力に逆らわない構造や仕組みを考えることが大切である。

図3　異形状の加工

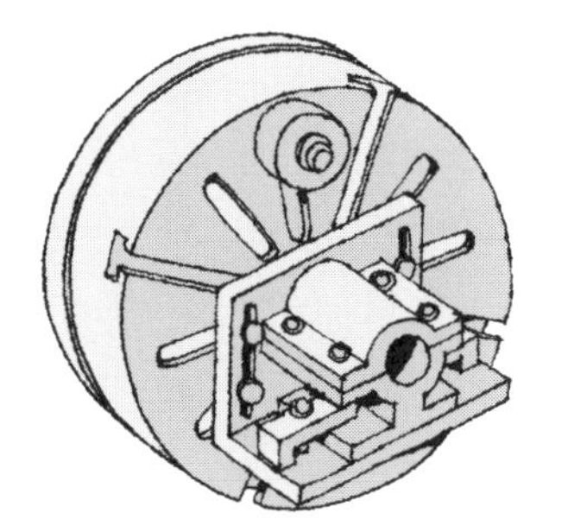
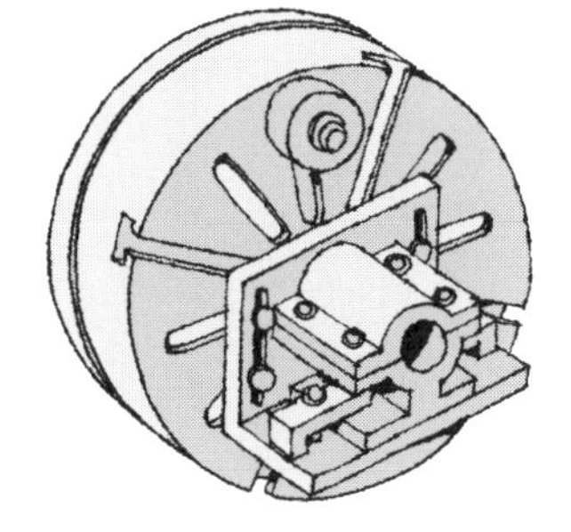

立て旋盤では重力と遠心力が均等になるため、普通旋盤よりも加工精度が高くなる。

4 普通旋盤とNC旋盤の違い

もっとも重要なことは「段取り」

工作機械は本体にハンドルが付いていて、人の手でハンドルを回して操作する「汎用工作機械」と、本体にディスプレイとアルファベットや数字などを入力するボタンを装備し、NCプログラムで操作する「NC工作機械」の2種類に大別されます。図1のようにハンドルで操作する旋盤が「汎用旋盤」、NCプログラムで操作する旋盤が「NC旋盤」です。

時代とともに工業製品が高性能になり、構造部品は高精度化、高精度化、複雑形状化しています。また、加工コスト削減のため生産現場の自動化も進んでいます。このため、生産現場では人の手でハンドルを回して操作する汎用旋盤よりもNC旋盤が主流になっています。汎用旋盤は単品加工や修正加工、ちょっとした形状(バリ取りなど)を加工するのに便利です(図2)。NC旋盤はNCプログラムを作成する必要があり、ある程度の数量を加工する場合には自動化できるためメリットがありますが、単品加工のためにNCプログラムを作成するのはちょっと大変です。また、工作物が大きい、長い、重い、異形状など工作物を高速に回転させられないときなどは、汎用旋盤がNC旋盤よりも使い勝手が良く優位です。NC旋盤は主軸の特性上、低回転の加工には適しません。

汎用旋盤はハンドルを回して加工を行うため、加工精度や加工品位が操作する人のスキルによってバラつくのが欠点です。また、上手に加工するためには一定の訓練や実務経験が必要です。NC旋盤は人の手では加工が難しい湾曲形状や複雑形状の加工に優位で、加工品質が安定することが利点です。何事も一長一短です。汎用旋盤もNC旋盤ももっとも重要なことは「段取り」で、加工作業全般の良し悪しを決めます。機械本体にハンドルとディスプレイ、入力ボタンの両方を装備し、人の手とNCプログラムのどちらでも操作できる工作機械も市販されてます。

要点BOX
- ●NCプログラムで操作する旋盤が「NC旋盤」
- ●NC旋盤は複雑な形状を多量に生産可能
- ●段取りが加工の良し悪しを決める

図１　普通旋盤とNC旋盤の操作方法の違い

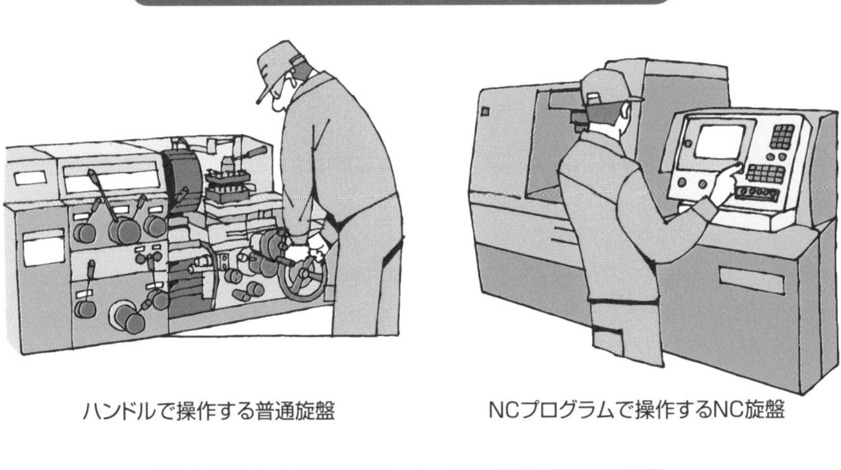

図２　旋盤で加工できる代表的な形状

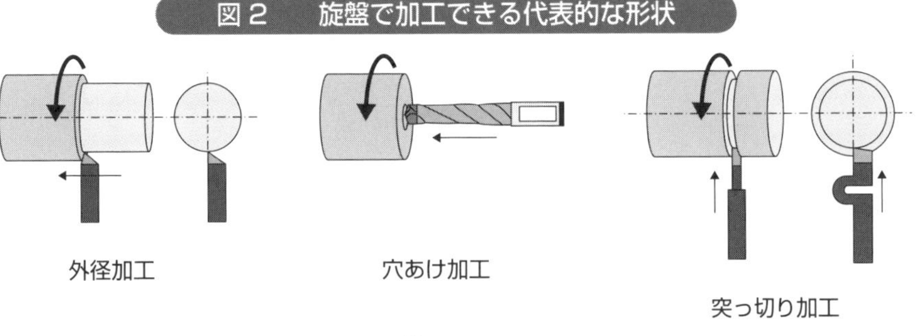

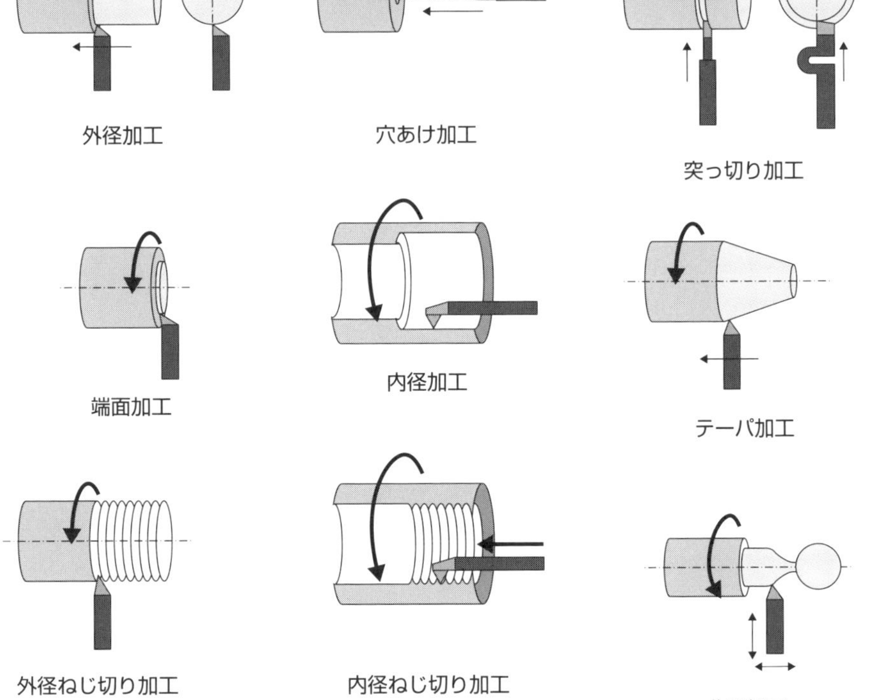

5 NC旋盤とターニングセンタの違い

機能の複合化

図1のNC旋盤と「ターニングセンタ」は外観が似ており、一見では見分けがつきませんが、両者は備える機能に違いがあります。ターニングセンタはNC旋盤に、①回転する切削工具主軸、②角度の割り出しができ、任意の角度で固定できる工作物主軸、③自動工具交換の3つの機能をプラスしたNC旋盤です。ターニングセンタはNC旋盤の機能を高めたもので、大雑把にいうとNC旋盤とマシニングセンタを複合化したものといえます。そのため、JIS(日本産業規格)では、ターニングセンタは多機能工作機械に分類されています。①回転する切削工具主軸と②角度の割り出しができ、固定できる工作物主軸を備えることにより、工作物の外周にドリルを使って穴をあけたり、エンドミルを使って溝をつけたり、丸棒の外周を正面フライスを使って多角形にするなど、いろいろな形状を加工することができます(図2)。

近年、構造部品が複雑な形状になり、加工精度の要求も向上しています。加工コストの削減は不変の要求事項です。このため、工作機械は機能を足し合わせ、複合化する傾向にあります。旋盤の旋削機能にフライス盤のミーリング機能(切削工具が回転し、削る機能)を合わせもつ(集約する)ことで、旋削とミーリングを1台で完結させることができます。加工形状や目的によって工作機械が異なると、工程ごとに工作物の脱着や運搬といった段取りが必要になり、加工コストを押し上げますが、機能を集約させることにより「工程集約」することができます。また、加工精度(形状精度)の向上も利点の1つです。機能を複合化することにより、1回のチャッキングでさまざまな加工ができるため、工作物の取り外しが不要になり、工作物の脱着による誤差がなくなるため形状精度を高めることができます。ただし制御軸が多くなるほど剛性が低くなります。製品ごとのバラツキも小さくできます。

要点BOX
- ●ターニングセンタはNC旋盤とマシニングセンタを複合化したもの
- ●ターニングセンタは多機能工作機械

図1　NC旋盤

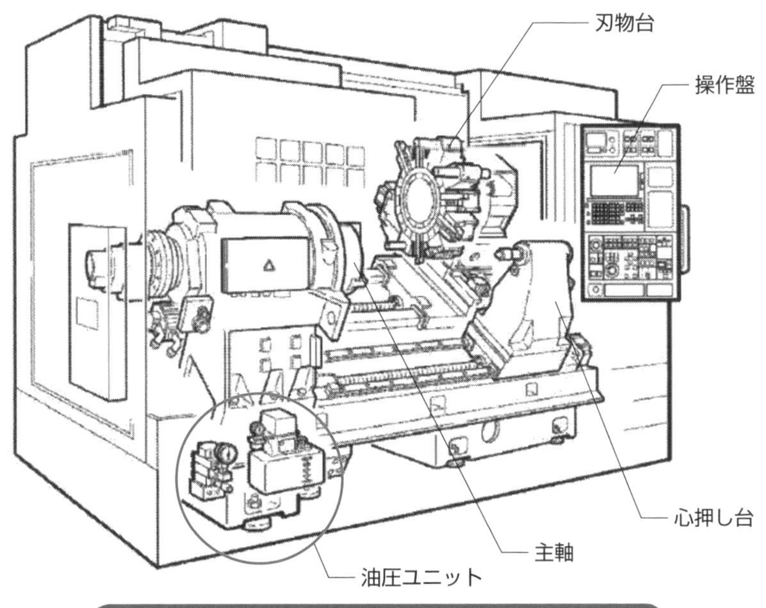

図2　ターニングセンタで加工できる形状の一例

●複合加工による工程集約が可能

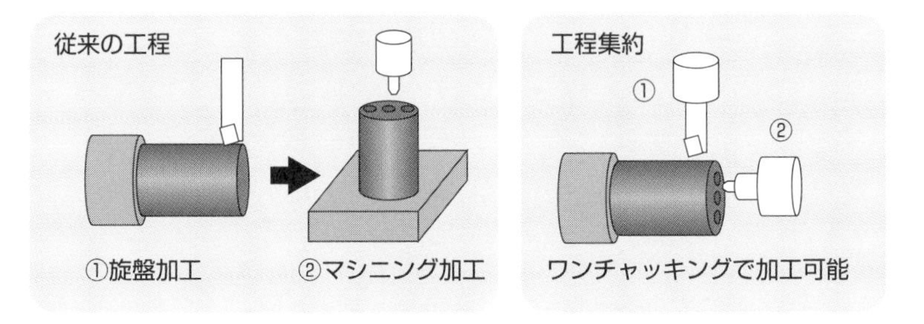

●ターニングセンタではエンドミル加工や斜め穴加工ができる

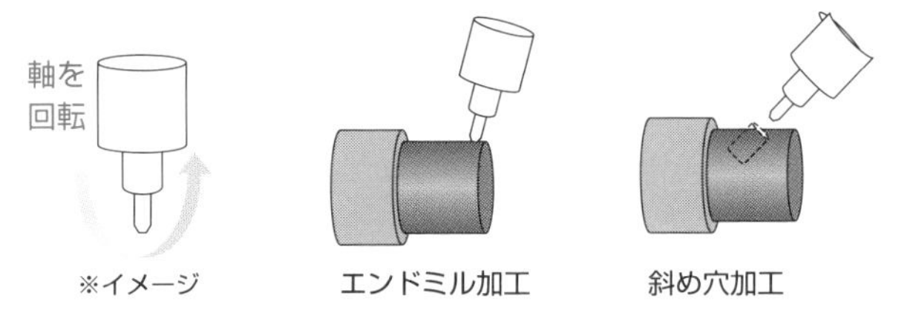

6 旋盤ベース複合工作機械

高付加価値化を追求する

形状をつくる方法は加工前後における材料の質量の増減で分類でき、切削や研削、レーザ加工など加工後に質量が減少する「除去加工」、鋳造や鍛造、プレス、射出成形など材料の質量が変化しない「変形加工」、積層造形や溶接など材料の質量が増加する「付加加工」の3種類に大別されます。近年、積層造形技術（3Dプリント技術：付加加工）はAdditive Manufacturing（AM）と呼ばれ、とくに金属積層造形は欧米で技術革新が進んでいます。

工作機械は時代の要求に応え高精度化、高速化、高機能化、多軸化、省エネルギー化など性能を向上させてきましたが、基本的には1台の工作機械が各加工法に特化し、専用機として進化してきました。しかし近年ではニーズの多様化と、さらなる生産性の向上（低コスト、短納期）、高付加価値化を追求するため、図1のような複数の機能をもつ工作機械、複合工作機械が開発されており、複合化する機能は2つから複数になっています（図2）。ターニングセンタは旋削機能にミーリング機能を備えた工作機械ですが、近年では変形加工や付加加工の機能を備えた旋盤ベースの複合工作機械が誕生しています。たとえば切削加工、研削加工、積層造形、レーザ焼入れ（表面熱処理）の4つの機能を1台の工作機械に複合化し、素材から製品まで1台で完結できるものもあります。複合工作機械は工程集約する（1台でいろいろな工程の加工を行う）ことができ、ワンチャッキングによる加工精度の向上、省スペース、省エネルギー、自動化・無人化など多くの利点があるため、これからの標準になってくると思われます（図3）。ヨーロッパではすでに複合工作機械が主流です。複合工作機械は素材から形をつくるだけでなく、製品の損傷した部分を切削で取り除き、削った部分を積層造形し、レーザで焼入れをして研削加工で仕上げるというように製品の修復を行うこともできます。

要点BOX
- ●形状をつくる方法は除去、変形、付加の3種類
- ●機能の複合化は2つから複数へ
- ●複合加工機は製品の修復も可能

図1　旋盤ベース複合工作機械の一例

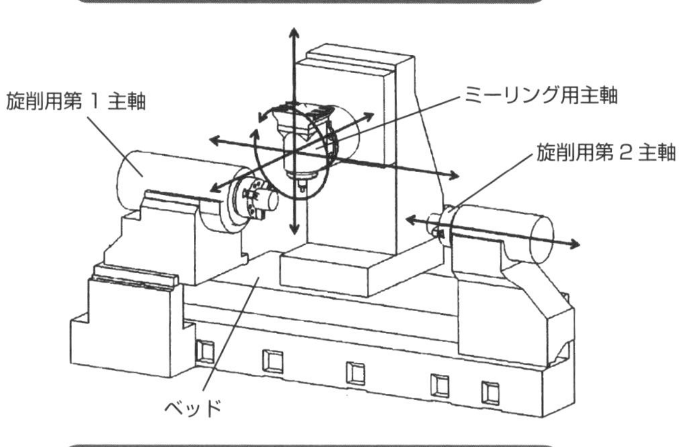

図2　旋盤ベース複合工作機械の加工例

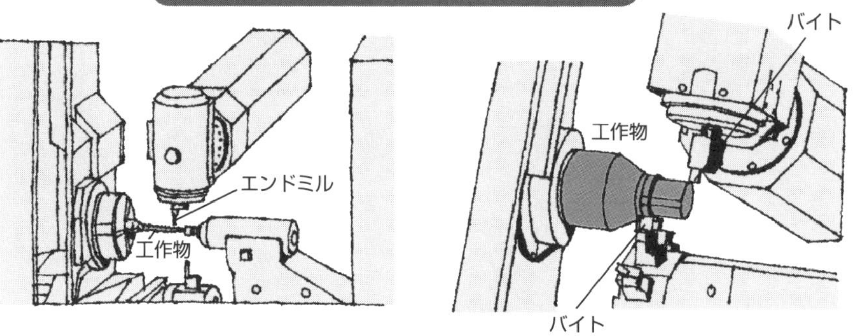

図3　複合工作機械による工程集約の例

●専用工作機械による加工工程のイメージ

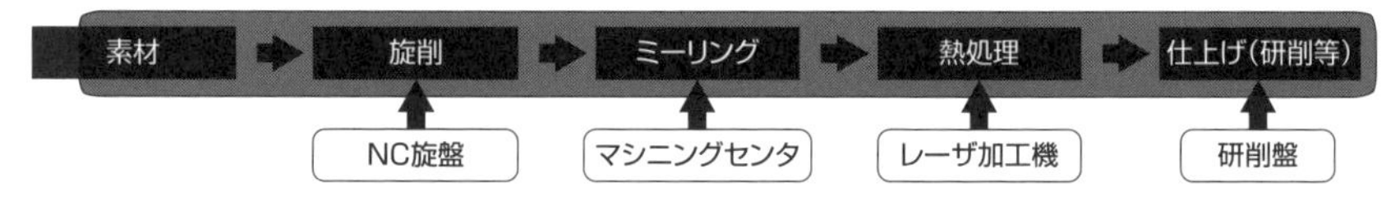

●複合工作機械による工程集約のイメージ

複合工作機械(多機能工作機械)は各機能の性能は専用機と比較すると劣るといわれ、「なんでもできるは、なんにもできない」と揶揄された時代もあったが、周辺技術が進化し、「なんでもできる複合工作機械」が量産製造ラインに並び、次世代の工作機械のスタンダードになると思われる。

7 旋盤の誕生から未来まで①

紀元前300年頃のエジプトの墓には棒状の部材が描かれています。当時は紐や弓を使って工作物を回転させていたようです。回転する工作物に刃物を押し当て、不要な箇所を削り取り、目的の形状をつくる加工法は古来から引き継がれています。この加工法を動力を使って連続的に行える仕組みをつくり、構造体にしたのが「旋盤」です。旋盤はもっとも古い工作機械の1つで、時代とともにNC旋盤、ターニングセンタへと進化し、現在、製造現場に欠くことができない工作機械となっています。

陶芸で使用される「ろくろ」は工作物を回転させて形状をつくる方法として、紀元前から現代まで形態を変えずに残っています（図1）。一方、旋盤は時代を追うごとに進化してきました。1500年前半、レオナルド・ダ・ビンチのスケッチには「ねじ切り旋盤」の構想が描かれています（図2）。1550年前後、フランス宮廷で働いていた数学者ジャック・ベッソン（フランス）の解説書には、弓や竿の弾力や重りを付けた紐を動力源として木材を加工する旋盤が紹介されています（図3）。このときに使用していた竿を「Lathe」と呼んでいたことが、英語名の「Lathe」の語源といわれています。同時期のイタリアでは水車を動力源として大砲の砲身の中ぐり加工を行っている記録が残っており、金属の加工も行われていたようです。1400年～1700年頃はルネサンスといわれ、この時期は婦人が刺繍をするように紳士が旋盤を趣味として使用していたようです。金、銀、銅を材料として時計などの装飾品や工芸品を製作していました。多くの人に使用されることにより改良が進み、ヨーロッパを中心に産業用の旋盤も数多く製造されました。ベッドが木製から金属（鋳鉄）製に、ベッドの形状が平形から山形に、バイトは手持ちから固定する刃物台になったのがこの頃で、安定した加工を行えるようになりました。

要点BOX
- ●旋盤の起源は「ろくろ」
- ●レオナルド・ダ・ビンチがねじ切り旋盤を構想
- ●旋盤の英語名がLatheの理由

図1　ろくろ

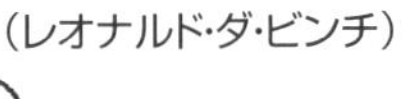

図2　旋盤のスケッチ

（レオナルド・ダ・ビンチ）

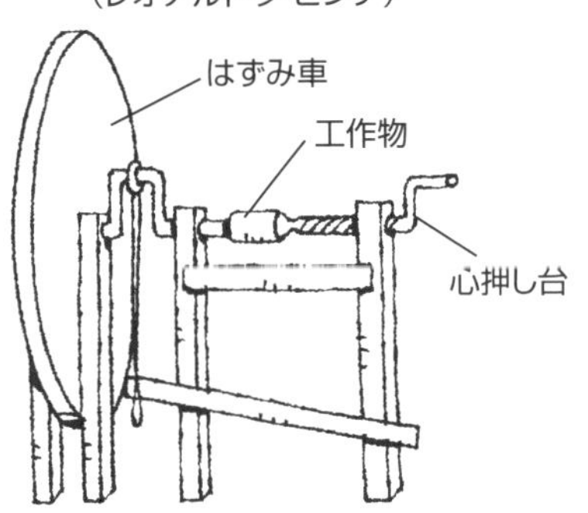

ダ・ビンチの旋盤のスケッチ

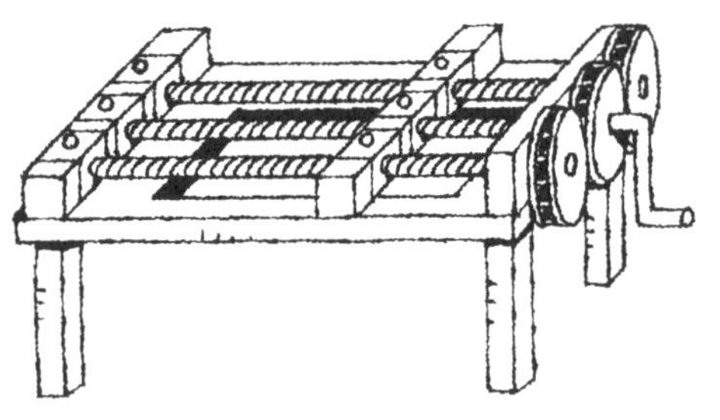

ダ・ビンチの「ねじ切り機械」

図3　古代の旋盤（動力は弓や竿）

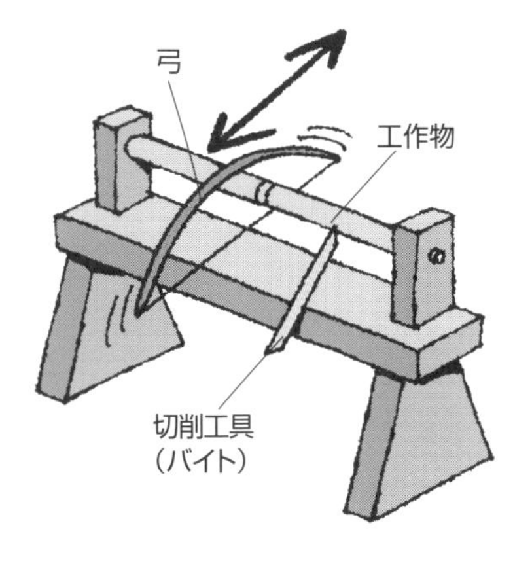

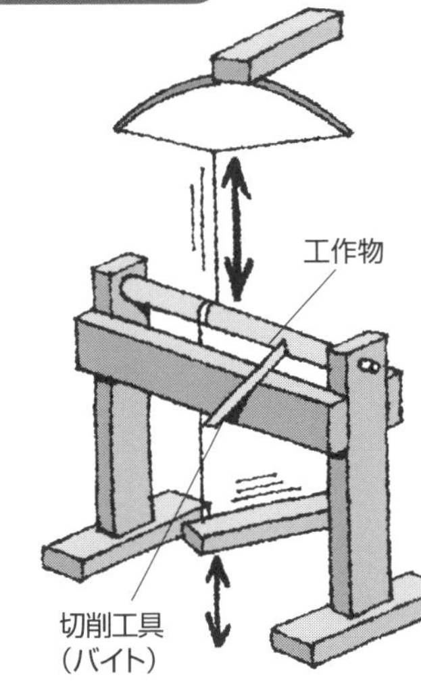

8 旋盤の誕生から未来まで②

誕生期その2(ペリー来航)

1769年、ジェームズ・ワットによって蒸気機関が改良され、産業革命の足掛かりになりました。蒸気機関のシリンダを加工したのは旋盤を改良した横中ぐり盤でした。蒸気機関の改良および産業革命の基盤(影の立役者)になったのは旋盤(工作機械)ということになります。

1780年、イギリスのヘンリー・モーズレーは「ねじ切り旋盤」を開発しました(図1)。このねじ切り旋盤は精密に加工された「送りねじや歯車」を使って組み立てられ、送りねじ用の変換歯車も備わっていました。モーズレーの旋盤によって「ねじ」の精度が格段に向上し、工業製品の性能が飛躍的に高くなりました。モーズレーの旋盤は現在の旋盤とほぼ同じ構造で、現在の旋盤の礎になっていることから「工作機械の革命的開発」と位置付けられています。開発当時の旋盤は主軸が右側でしたが、使い勝手の悪さからその後、左側に移されました。1850年頃には旋盤をはじめ現在使用されている工作機械(ボール盤やフライス盤、形削り盤など)の原型が確立しました。

日本に金属加工用の旋盤(工作機械)が本格的に伝わったのは1853年ペリー来航だといわれていますが、ペリー来航以前、ヨーロッパへ留学していた者たちによって一部の工作機械は輸入されていた記録も残っています。ペリー来航によってヨーロッパ製の旋盤(工作機械)が輸入され、国内でも旋盤が製造されるようになり、1889年に池貝庄太郎が国産初の旋盤を開発、製造しました(図2)。当時は動力源がなかったため、主軸に取り付けたベルト車を人力で回していました。1895年頃、動力源に蒸気機関が取り入れられ、その後モータが使用されるようになりました。モータとベルト車による主軸の駆動は1950年頃まで盛んに使用され、現在でも普通旋盤は同じ機構を採用しています(図3)。

要点BOX

- モーズレーの旋盤は現在の旋盤の礎
- 旋盤が伝わったのは1853年ペリー来航
- 1889年に池貝庄太郎が国産の旋盤を製造

図1　ねじ切り旋盤

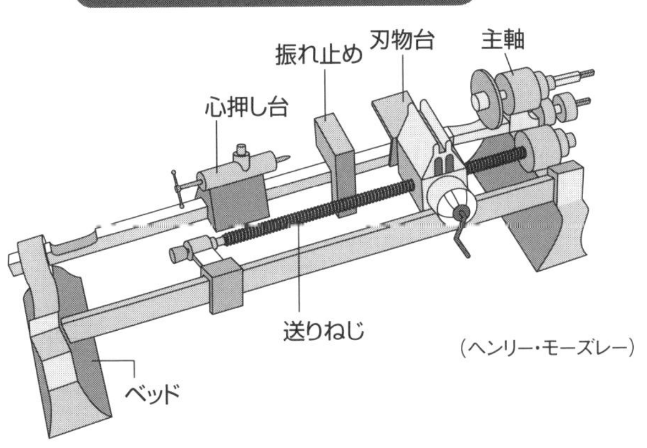

（ヘンリー・モーズレー）

図2　国産の旋盤１号機

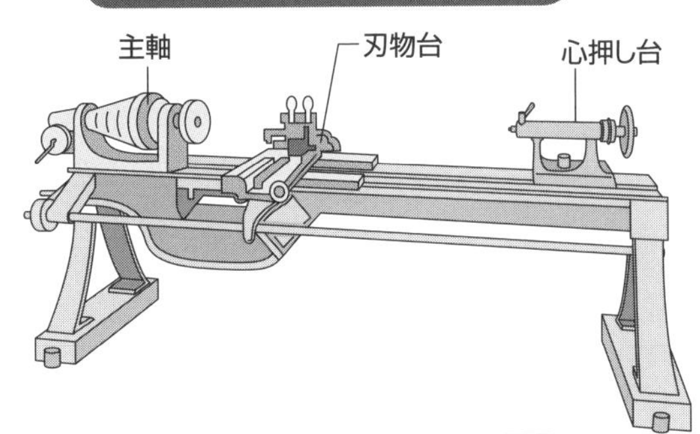

図3　ベルト駆動の旋盤

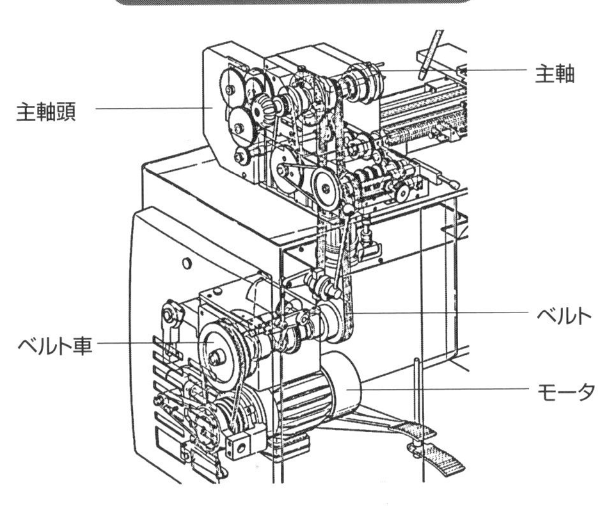

9 旋盤の誕生から未来まで③

導入期（NCの誕生）

1800年後半になると、アメリカでは銃やライフルの製造が活発化し、生産性向上の要求が高くなり、切削工具の段取り替えを行う必要がない複数の切削工具を取り付けられる刃物台（タレット）が開発され、「タレット旋盤」が登場しました（図1）。

1870年頃には更なる生産性を向上させたカムを使用した「自動旋盤」が開発され、複数の加工を一連で加工できるようになりました。1900年頃からアメリカでは自動車の大量生産が開始され、自動化と加工品質の均一化の要求が一層高くなり、1920年頃、マスタモデルをなぞって加工する「ならい制御」が導入されました。1926年に超硬合金が開発され、切削速度が飛躍的に高くなりました。当時、バイトの刃先が赤く、切りくずが青くなることに驚愕した技術者が多かったようです。1949年、アメリカ空軍がヘリコプターのブレードなど軍事航空機部品の加工品質向上を目的に、NC制御の研究をマサチュセッツ工科大学（MIT）サーボシステム研究室に委託し、3年後の1952年（第2次世界大戦終戦7年後）、テープ式のNC制御が開発され、NC制御フライス盤が誕生しました（図3）。NC（数値制御）を考案したのは工作機械メーカーの技術者だったジョン・パーソンズといわれています。

NC装置の開発により原理的には複雑な形状の加工が自動化できることになりますが、当時の制御回路は真空管を使用したものだったため、位置決めが主でした。1960年頃になるとデジタル回路を使用した（ハードウェアで構築した）NC装置（ハードワイヤードNCという）になりましたが、各加工に応じてNCテープを手作業で作成しなければならないなど仕様の変更や追加工に膨大な時間を必要でした。その後、電子計算機でNCテープを作成できるようになり（ソフトワイヤードNCという）、ツールパスの変更にも柔軟に対応できるようになりました。

要点BOX
- ●タレット旋盤と自動旋盤の誕生
- ●NC（数値制御）の誕生
- ●電子計算機の誕生

図1　タレット（刃物台）

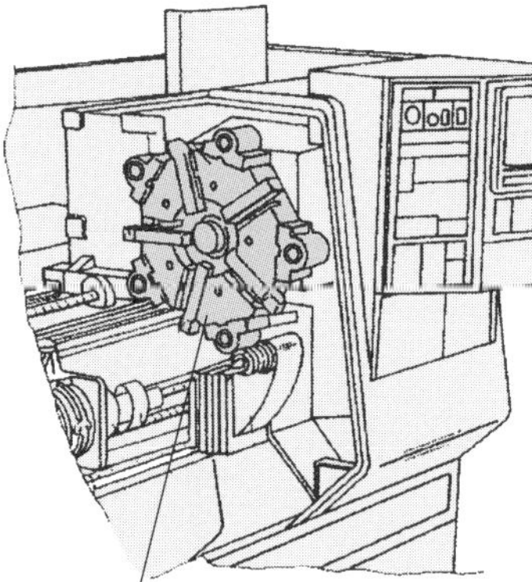

タレット

切削工具を放射状に設置。
切削工具が干渉しにくい。
多数取り付けられる。

図2　くし刃（刃物台）

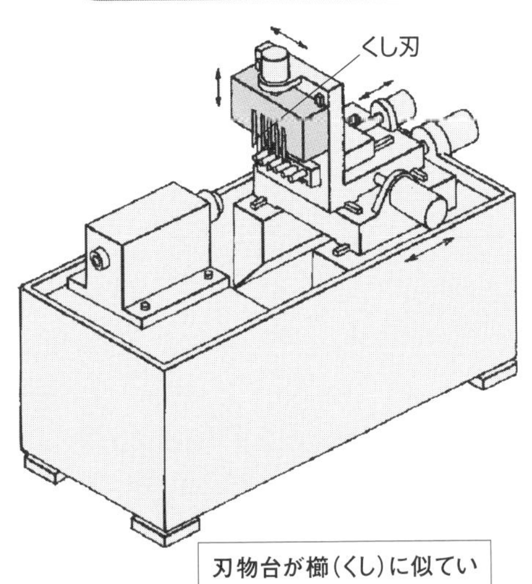

刃物台が櫛（くし）に似ている。割出し時間が短く、高精度加工に適している。

図3　NCテープと読み取り機

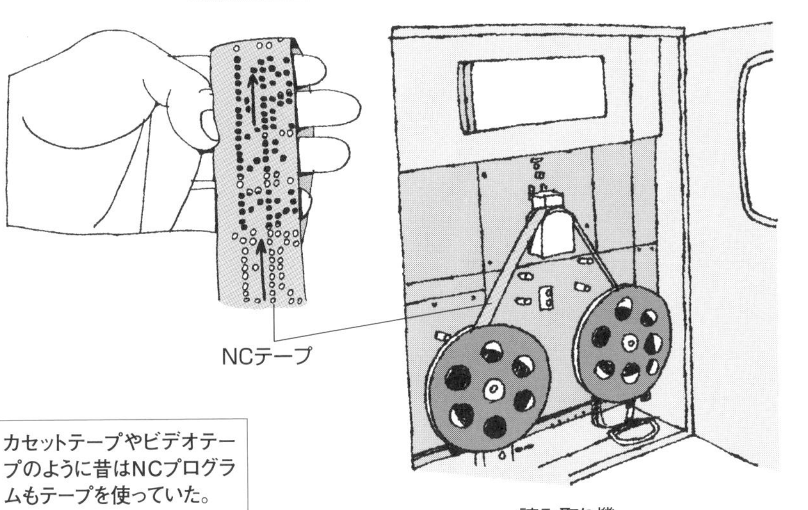

カセットテープやビデオテープのように昔はNCプログラムもテープを使っていた。

10 旋盤の誕生から未来まで④

成長期(加工ノウハウの確立)

1956年、日本では池貝が油圧倣い旋盤を改造した日本初のNC旋盤を完成させました。NC旋盤の普及により製造現場は一気に自動化が進みました。1972年、日本が世界初、コンピュータ(マイクロプロセッサ)を内蔵したNC装置(CNC、Computer Numercal contorol)を開発し、サーボ機構も油圧式からDCモータに置き換わりました。その後、コンピュータの性能向上に比例して、NC工作機械の加工精度は急速に向上しました。1982年、日本の工作機械の生産額はそれまで世界のトップだったアメリカを抜き、2008年までの27年間、世界のトップを維持していました。NC旋盤が普及し始めたころは普通旋盤とバイトが共有されたため、タレット式のNC旋盤では右勝手のバイトを、すくい面を下に向けて取り付け、工作物(主軸)を正転させて加工するのが主でした(図1)。すくい面を下に向けることにより切りくずが重力に沿って落下し、切りくず処理が簡便だったことも理由の1つです。

しかし、時代を追うごとに生産性向上が求められ、コーティング技術の進化によるチップの耐摩耗性・耐熱性の改良も後押しとなり、切削速度は高周速化しました。切削速度が高くなるに比例して切りくずの流出速度も高くなるため、切りくずを下に飛散させると、切りくずが内装板金を傷つける問題が生じるようになりました。板金に穴があいたこともあったようです。そこで、左勝手のバイトを、すくい面を上に向けて取り付け、工作物(主軸)を逆転して加工する方法に変わりました。すくい面を上に向けることにより切りくずを上に飛ばし内装板金を傷つけないことに加え、チップを交換する際に作業性が良いこと、削る際に刃先(切削現象)が確認しやすいことなどの利点があり、現在では「左勝手バイト、逆回転」が主流で。歴史的な背景から工作物の回転方向が正転から逆転に変化しました。

要点BOX
- ●コンピュータの性能の向上によりNC機も進化
- ●右勝手のバイトで工作物を正転する加工
- ●左勝手のバイトで工作物を逆転する加工

図1　NC旋盤の2つの加工方法

（DMG森精機株式会社HP）

（DMG森精機株式会社HP）

図2　工作機械の市場イメージ

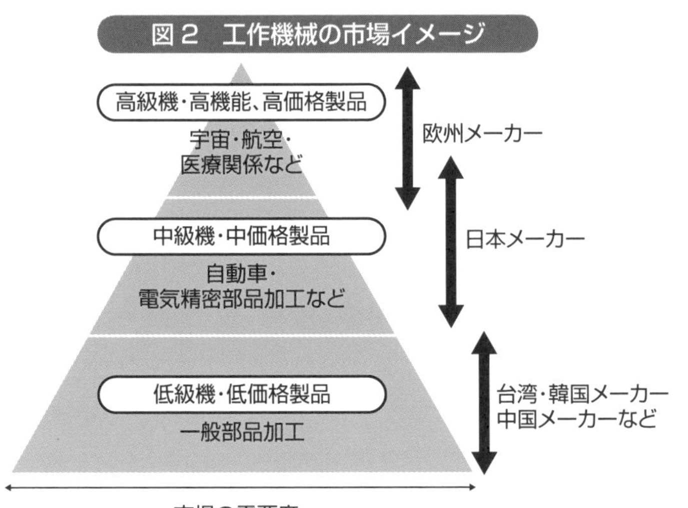

（出所）日本工作機械工業会「工作機械産業ビジョン2020」

11 旋盤の誕生から未来まで⑤

成熟期(多軸化とセンサ技術の向上)

NC工作機械は駆動モータ(電気・油圧からパルスモータ、DC、ACモータへ)、演算処理手法、サーボ機構(オープンループからクローズドループへ)が改良され、真に実用化の段階に入ったのは開発から約15年後の1970年頃です。切りくずの排出性や接近性による作業効率の向上を目的に、国内で「スラントベッド(図1)」が採用され始めたのもこの頃です。

現在、ターニングセンタのように機能を集約した複合工作機械が主流になっています。複合工作機械は工程集約、加工工精度の向上、導入コストや設置スペースの削減、省エネなどさまざまなメリットがありますが、制御軸が多いため剛性が低く、加工精度を高めるためには機械特性を考慮した加工条件の詳細な設定が必要になります。

これを支援するために多様なセンサ技術が積極的に導入されています(図2)。加工精度に影響する要因は①機械側の誤差と②切削点側の誤差に大別できます。機械側の誤差には工作機械本体の静的・動的誤差(制御系と機械系の遅れ)があり、②切削点側の誤差には切削抵抗(振動)、切削点温度、工具欠損・摩耗などがあります。①機械側の誤差を補正する技術には、たとえば1984年に接触式の刃先センサ(ツールプリセッタ)があり、段取りの簡易化とスキルレス化が進み、現在では標準装備になっています。近年では内蔵するタッチプローブによって経年劣化による機械本体の幾何学的誤差を補正できる機能なども開発されています。②切削点側の誤差を補正する技術としては機械本体に多種のセンサを組み込み、振動、温度、モータ、サーボなどから信号を検知し、情報に置き換え、熱変位や衝突、加工条件を探索する機能が開発されています。AI、IoT、サイバーフィジカルシステム、アイトラッキング、データマイニングなどIT技術が後押しになっています。

要点BOX
- ●NC旋盤はターニングセンタへと進化
- ●①機械側の誤差と②加工点側の誤差
- ●スラントベッドの誕生

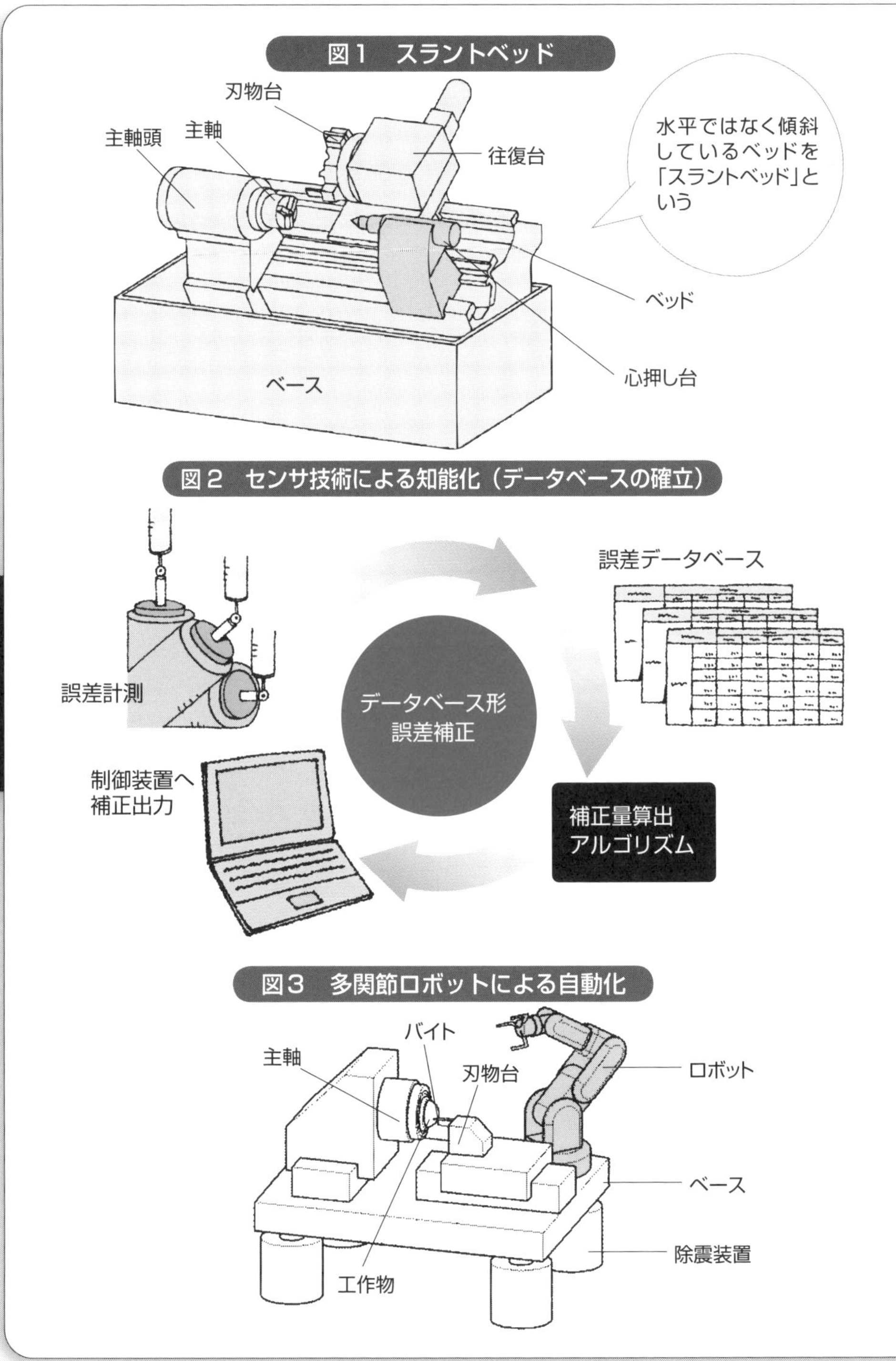
図1　スラントベッド
刃物台
主軸頭
主軸
往復台
水平ではなく傾斜しているベッドを「スラントベッド」という
ベッド
心押し台
ベース
図2　センサ技術による知能化（データベースの確立）
誤差データベース
誤差計測
データベース形
誤差補正
制御装置へ
補正出力
補正量算出
アルゴリズム
図3　多関節ロボットによる自動化
バイト
主軸
刃物台
ロボット
ベース
除震装置
工作物

12 旋盤の誕生から未来まで⑥

拡大期（人が成長できる自動化）

従来は機械本体の前面や上部にロボットアームを設置し、工作物のチャッキングを自動化できるユニットが多く見られましたが、近年ではロボットアームを加工空間内に内蔵したNC旋盤も多くなっています。AIはこれから工業的に実用できるレベルまで進化することが予測されるため、人が加工作業からどんどん遠のくでしょう。

自動車が内燃機関から電気に置換するとすれば部品点数が減り、大企業の生産能力は余剰することになります。旋盤加工（工作物回転、連続切削）はフライス加工（工具回転、断続切削）に比べて加工が容易であるため、従来、大企業ではマシンニングは内製化、NC旋盤（軸物）は外注という傾向でしたが、今後は大企業でも余剰の生産能力を埋めるためにNC旋盤も内製化することが予測されます。中小企業は大企業では対応できない知恵と工夫を生かしたフレキシブルな生産体制が求められます（図1）。

3D金属積層造形が製造プロセスを一新する可能性がある中、機能の複合化は除去加工同士の組み合わせに留まらず、金属積層造形やレーザ加工との組み合わせなど付加加工や異なるエネルギー加工との複合化が今後一層進むことが予測され、これからは機械加工の知識だけでなく、他の加工法の知識をもつ幅広い知識をもつた技術者が必要ということになります。図2、図3のようにセンサ技術の運用による工作機械の知能化、自律化が進み、加工作業に対するストレスが減るメリットがある一方で、歴史を振り返ると、新しい加工技術は生産現場の創意工夫が起源であり、知能化、自律化が加工技術の革新速度を遅らせる可能性を否定できません。工作機械が高機能、高性能になったとしても工作物を削るのは刃物であることは従来から不変です。AI、IoTが「見えない自動化ではなく、見える自動化」に進むことを期待します。

要点BOX
- ●AIは今後、工業的に実用できるレベルまで進化
- ●3D金属積層造形が製造プロセスを一新
- ●新しい加工技術は生産現場の創意工夫が起源

図1　将来の工作機械の４つのポイント

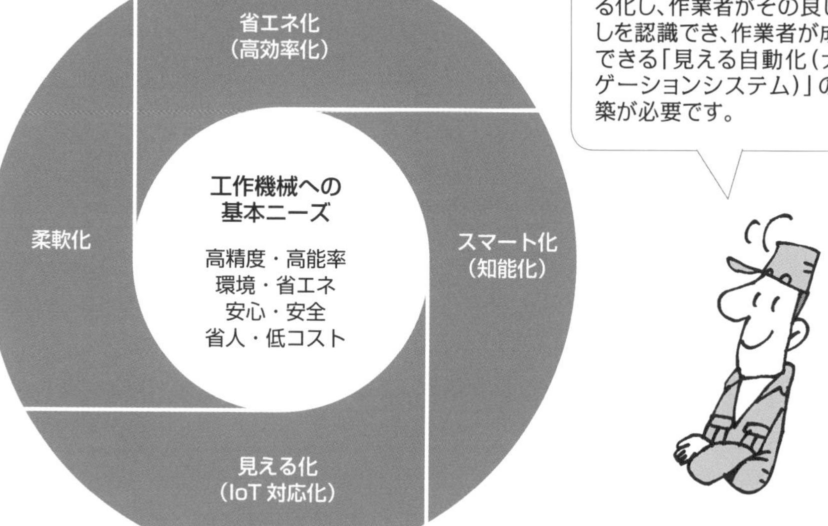

図2　生産ライン自動化システム

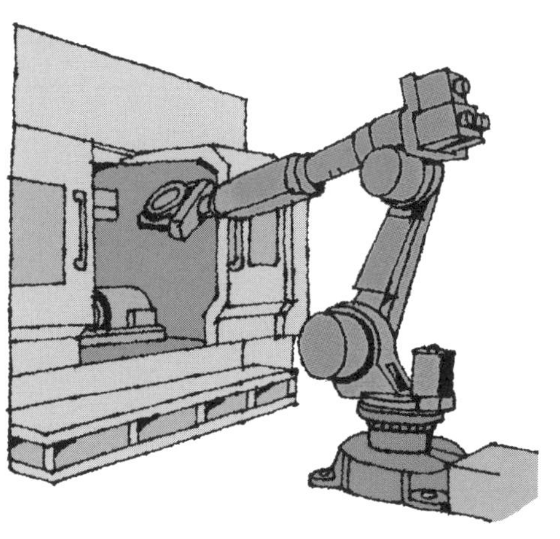

図3　切削加工ロボット

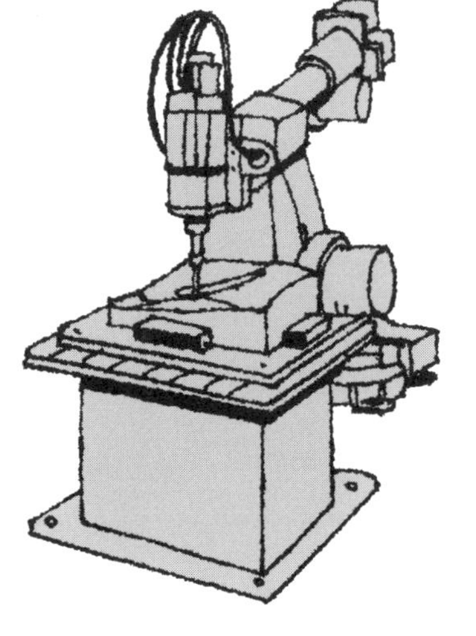

Column

最新の技術動向①「摩擦攪拌接合」

摩擦攪拌接合：FSW（Friction Stir Welding）は1991年にイギリスで開発された技術で、接合ツールと呼ばれる棒状の工具を高速に回転させ接合したい材料に押し付けることで、摩擦熱によって材料を軟らかくし、軟化させた部分を攪拌することで接合する技術です。

摩擦攪拌接合は接合する材料以外の材質を使用しないため、①疲労強度が高いこと、②最高到達温度が材料の溶融温度よりも低く、接合部の変形（歪み）が少ないこと、③組織が微細化され、条件によっては母材よりも強度が高くなることなどの特徴をもっています。

摩擦攪拌接合は同じ材質はもちろんですが、異なる材質の接合も可能です。従来は比較的融点の低い、アルミニウム合金や銅合金などの非鉄金属が中心でしたが、最近では鉄鋼やチタン合金などの融点の高い金属の接合も可能になってきています。

従来、異種材料の接合は溶接や重ね合わせによるリベット結合が主でしたが、摩擦攪拌接合はこれらの方法に代替できる技術として注目され、軽量化を目的として、自動車や航空機、新幹線、橋梁、産業用機械の構造部材、医療機器などへの試用が始まっています。そして近年では、多軸化したNC旋盤やマシニングセンタと摩擦攪拌接合の両方の機能を備えた複合加工機が流通しています。この複合機ではATCで切削工具と接合ツールを交換することができます。

材料を削り取って形状をつくる切削加工と素材を繋げる摩擦攪拌接合を融合した複合加工機は「単純に形状をつくる工作機械」から「高付加価値な形状をつくる工作機械」へと進化した工作機械といえます。

第2章 NC旋盤の構造と装備

13 NC旋盤の構造

NC旋盤の構造は5つに大別できる

NC旋盤の構成は①機械本体、②NC装置、③操作盤（パネル）、④油圧ユニット、⑤付属装置に5つに大別できます（図1）。

①機械本体の主要部品は、❶主軸、❷刃物台（往復台）、❸心押し台の3つです。

❶主軸は主軸頭に内蔵され、通常、主軸には工作物を保持するための治具（チャック）を取り付けます。主軸の動力はACサーボモータで、回転数はロータリエンコーダで把握しています。

❷刃物台はバイトやドリルなど切削工具を取り付ける台で、刃物台の形状は「くしば形」と「タレット形」の2種類があります。いずれの刃物台も複数本の切削工具を取り付けられるため、加工形状に合わせた切削工具を使い分けることはできます。

❸心押し台はセンタを取り付け、長い工作物を加工する場合など両端支持で加工する際に使用します。心押し台はベッド上をZ軸方向（縦方向）に移動します。

②NC装置はプリント基板やリレー類が収納されています。

③操作盤はNC旋盤を操作するためのボタンなどが並んでいます。近年ではタブレットやスマートフォンのようにタッチパネルを採用しているものが多くなってきました。

④油圧ユニットは油タンク、ポンプ、モータの3つから構成されており、油タンクには作動油または潤滑油が入っています。作動油は油圧装置の動力伝達媒体として使用される油で、潤滑油は移動する物体の摩擦を抑制し、すべりを良くするための油です。作動油はチャックの締め付け、潤滑油は往復台の摺動面などに使用されます。

⑤付属装置には、切りくずを運搬するチップコンベアや自動化、無人化加工を進めるためのオートフィーダなどがあります。

要点BOX
- ●NC旋盤の主要部品は主軸、刃物台、心押し台
- ●近年はタッチパネルの操作盤もある
- ●往復台、刃物台の動力はサーボモータが主流

図1　NC旋盤の構造の分類

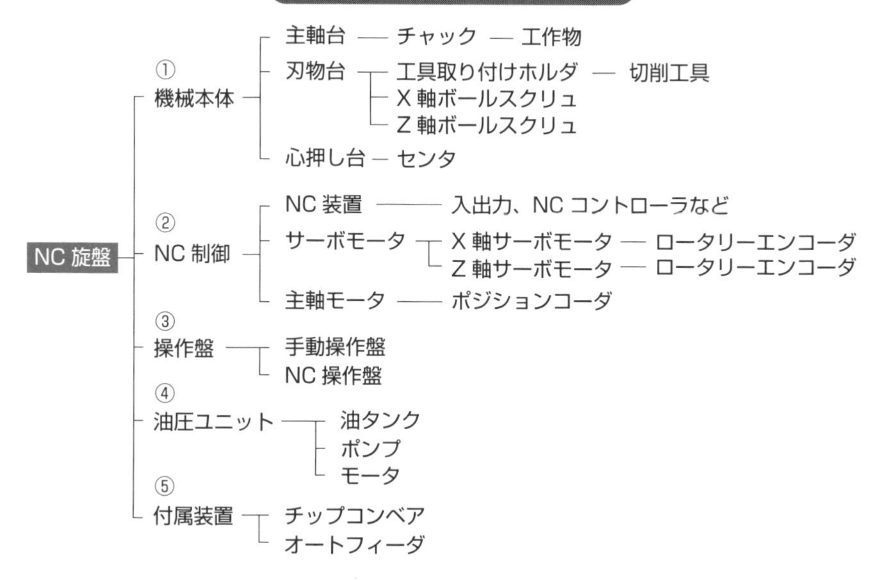

図2　NC旋盤の構造と各部の名称

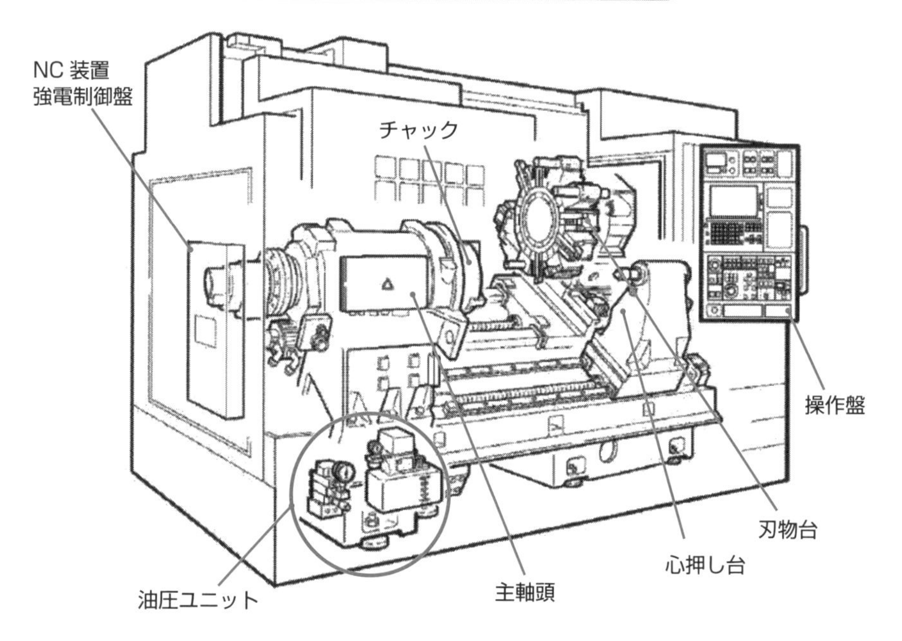

14 NC旋盤の骨組み

ベースやベッドの材質は鋳鉄が主流

NC旋盤のもっとも下部に位置し、機械本体の土台となる部分を「ベース（脚）」、ベースの上に位置し、往復台および心押し台を案内する部分を「ベッド」といいます。ベッドおよびベースの材質は一般に「鋳鉄（ちゅうてつ）」です。鋳鉄にはいくつの種類がありますが、工作機械の構造体に使用されているのは「球状黒鉛鋳鉄（ダクタイル鋳鉄）」です。球状黒鉛鋳鉄は1947年イギリスで開発されました。第2次世界大戦終戦が1945年ですから、その頃には、イギリスでは鋳鉄（鋳造）の技術が進歩していたことになります。

鋳鉄が構造体として使用される理由は①低コストで製造できること、②2次加工が容易であること（加工性が良いこと）、③入手しやすいこと、④振動吸収性（減衰性）に優れることなどがあげられます。

NC旋盤（NC工作機械）の構造体に求められる特性は静剛性、振動吸収性、低熱膨張（熱変形抑制）、耐膨潤変形、軽量などがあり、一部のNC工作機械では構造体の一部に、コンクリート、セラミックス、プラスチック（CFRP）、石（グラナイト）、ガラスなどを使用しているものもあります。しかし、いずれの材料も特定の特性には優れるものの万能ではなく、製造コスト、2次加工性、入手性などに課題があり、トータル的に鋳鉄に勝るものがないため、現在まで鋳鉄が多用されています。近年、金属積層技術の進化により構造体を最適化した形状（トポロジー最適化による形状）をつくることができるようになりました。切削加工（除去加工）では内部をくり抜いた複雑な形状はつくるのが難しく、コストがかさみましたが、金属積層技術では簡単につくれます。

金属積層は製作時間が長いため量産加工に適しませんが、将来的な加工技術の発展と省資源化など低環境負荷を考えると、鋳鉄に変わる新素材やトポロジー最適化された構造体が採用される時代が到来するかもしれません。

要点BOX
- ●NC旋盤の構造材料は球状黒鉛鋳鉄
- ●鋳鉄は低コストで振動吸収性に優れている
- ●トポロジー最適化による構造

図1　NC旋盤の基本構造

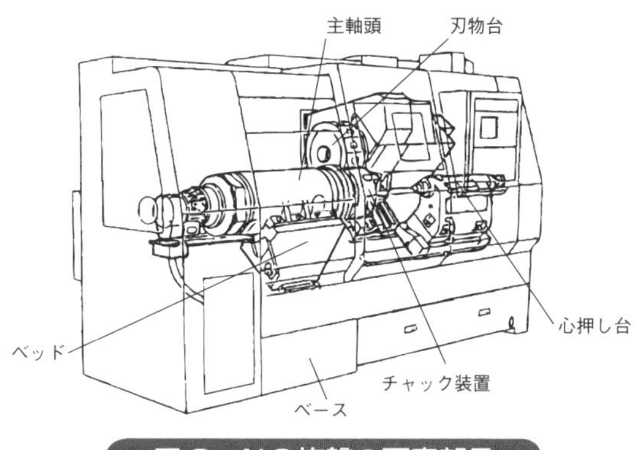

図2　NC旋盤の要素部品

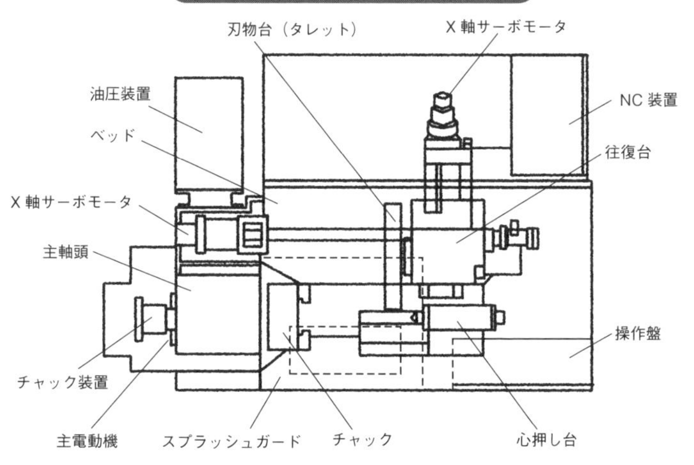

図3　NC旋盤のベッドの断面図

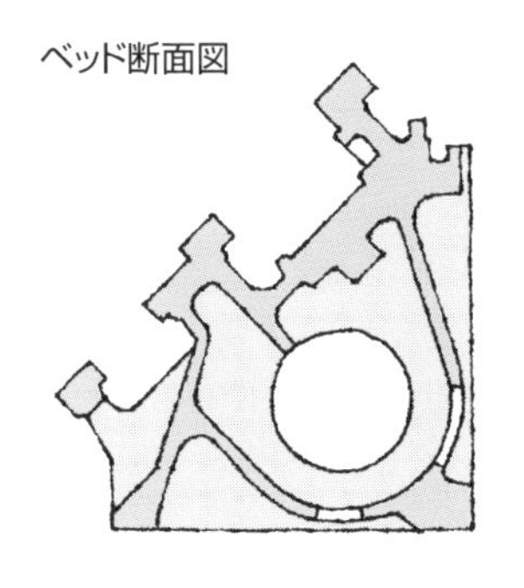

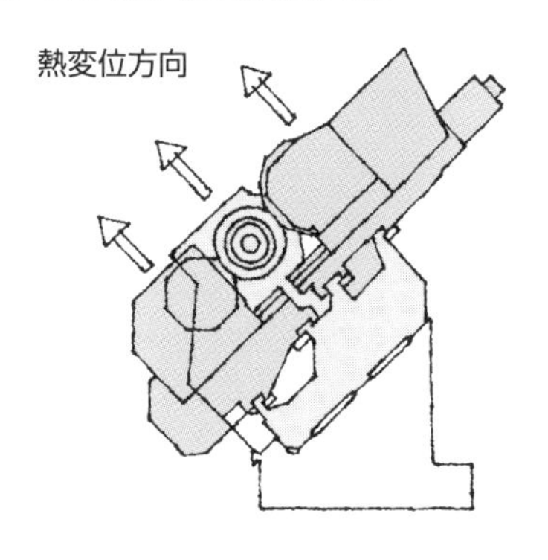

15 NC旋盤の構造の分類

主軸、往復台、刃物台、心押し台の有無によって変わる

NC旋盤の構造は①主軸、②往復台、③刃物台、④心押し台の有無の組み合わせによって多様な種類があります。

①主軸の構造：主軸の構造には主として1スピンドルと2スピンドルの2種類があります。1スピンドルは通常のNC旋盤で、主軸を1本装備しているもので、2スピンドルは主軸を2本装備しています。❶通常の主軸に加えて、心押し台側にもう1本主軸を装備しているもの(図1)、❷2本の主軸を入れ替えるもの(図2)、❸主軸が正面を向き(作業者と対向し)、平行に2個装備しているものなどがあります(図3)。❶は主軸を主軸頭側と心押し台側で対向させることにより、工作物を反転させずに加工できる(位相がずれにくい)こと、❷は工作物の脱着を外段取りで行え、加工効率を高められること、❸は1台のスペースで2台分の加工ができ省スペース化できることが利点です。

②往復台の構造：往復台の構造には主として❶水平形と❷スラント形があります。往復台(ベッド)の構造は19項を参照してください。

③刃物台の構造：刃物台の構造には主として❶くし刃形と❷タレット形があります(20項参照)。タレット形には1タレットと2タレットのものがあります。近年、部品形状が複雑化しているため、多数の切削工具を使い分ける必要がありますが、1タレットでは取り付けられる切削工具の数が制約され、切削工具の脱着も手間がかかります。2タレットにすることで単純に2倍の切削工具を取り付けられるため、加工時間、段取り時間を短縮でき、生産性を向上させることができます。

④心押し台の有無：NC旋盤には心押し台を搭載していないものもあり、心押し台の摺動面がないため作業空間が大きく、切りくずが溜まらないことが利点です。

要点BOX

- 主軸の構造：1スピンドルと2スピンドルがある
- ベッドの構造：水平形とスラント形がある
- 刃物台の構造：くし刃形とタレット形がある

図1　対向形（主軸頭側と心押し台側）の2スピンドルの構造

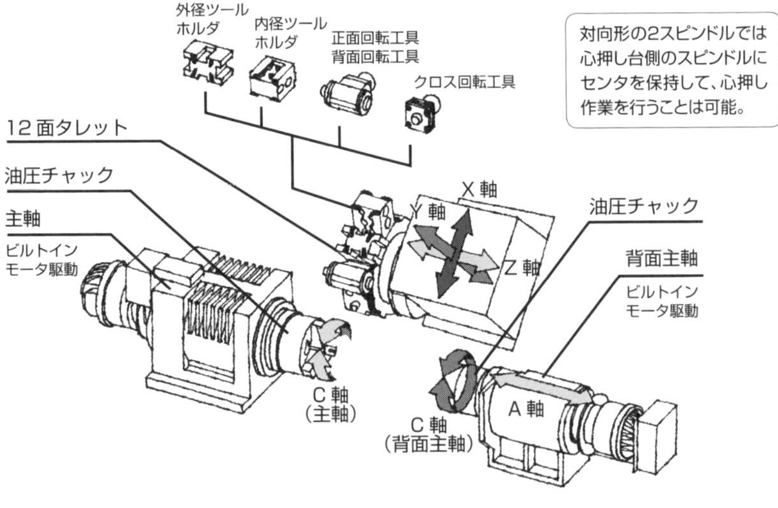

対向形の2スピンドルでは心押し台側のスピンドルにセンタを保持して、心押し作業を行うことは可能。

図2　2本の主軸を入れ替える構造

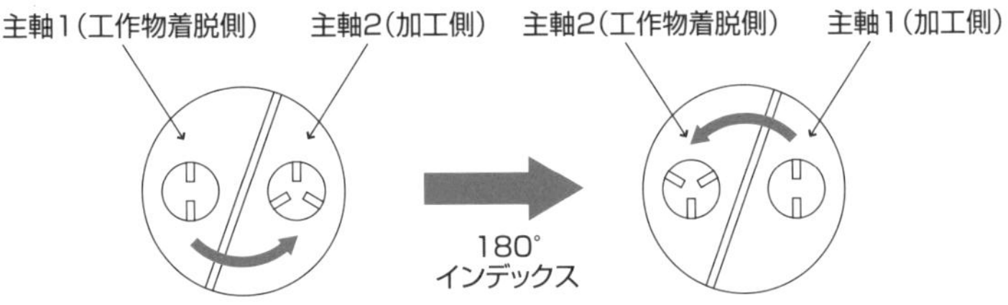

図3　主軸が正面を向き（作業者と対向し）、平行に2個装備している構造

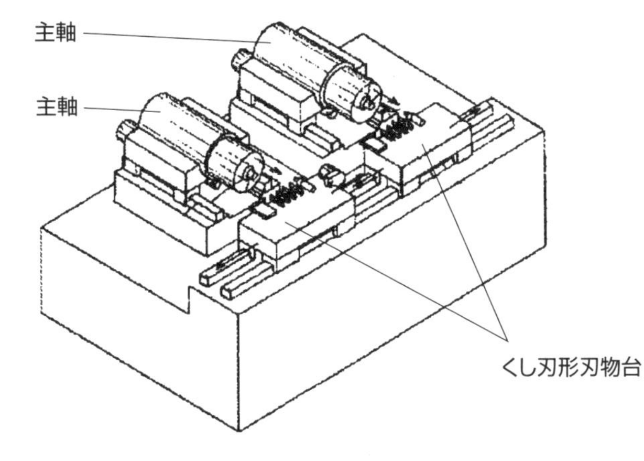

16 主軸（スピンドル）の駆動方式

主軸の動力を担ういろいろなモータ

普通旋盤の主軸はインダクションモータ（誘導電動機）の回転をベルトで伝達し、回転させています。NC旋盤が市販されてしばらくは普通旋盤と同じ仕組みで、インダクションモータの回転をベルトで伝達し、回転させていました。現在でもこの仕組みを採用しているNC旋盤もあります。このような仕組みは一般に「ベルト駆動」と呼ばれています（図2）。

回転数はモータのポールチェンジ（曲数変換）や多段ギアとクラッチ機構によって変換できます。しかし、加工品質向上のためギア変換に依存しない任意の回転数を設定したい（送り速度に適した回転数を設定したい）、周速一定制御を行いたいという要求が高まり、1976年頃から主軸の駆動力には可変速が可能な「DCサーボモータ」が採用されるようになりました。さらに時代が進むと、加工能率向上のため主軸の高周速化への要求が高くなり、DCサーボモータでは給電する整流子の火花が大きく、ブラシの摩耗も激しくなるため、1980年頃からブラシレスで給電できる「ACモータ」（図3）が多用されるようになりました。このような背景により、現在のNC旋盤の主軸の動力には「ACモータのインバータ制御」か「ACサーボモータ」が採用されています。いずれもNCプログラムによって、無段変速で任意の回転数の設定と周速一定制御を行うことが可能です。

ACモータを動力源とするNC旋盤は①モータをカップリング（軸継手）を介して主軸に直結している形式と、②モータの構成要素であるステータ、ロータ、速度検出器を主軸頭に直接組み込んだビルトインモータ、③ベルト駆動の3種類があります。

カップリングを使用したモータ直結スピンドルは構造が簡易で、カップリングの弾性によりノイズや振動を抑えられるのが特徴です。ビルトインモータは歯車などの機械的な減速装置を介さないため振動を抑制でき、高速回転ができます。

要点BOX
- ●普通旋盤の主軸：インダクションモータ
- ●NC旋盤の主軸：インバータ制御かACサーボモータ

図1　主軸頭の構造（ビルトインモータ主軸）

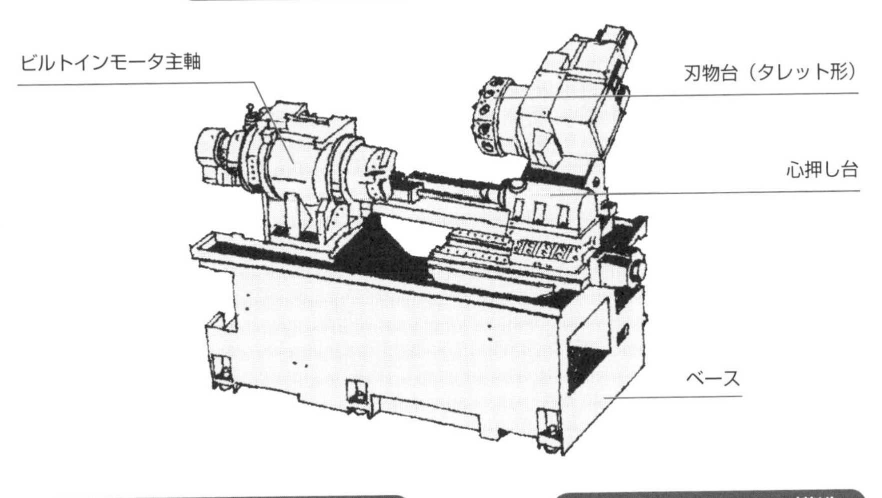

図２　ベルト駆動

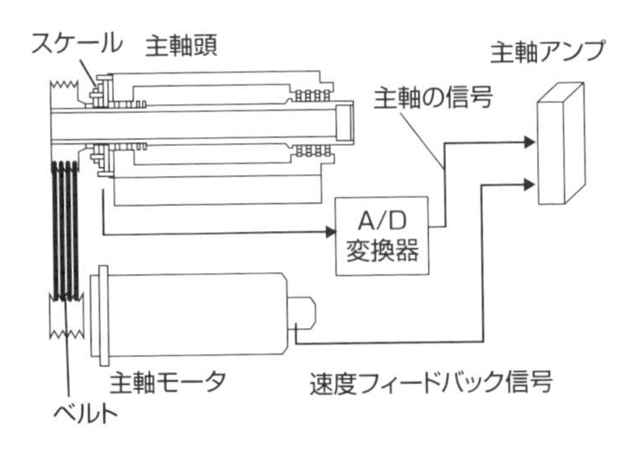

図4　カップリング（軸継手）を介して
モータの回転を主軸に伝達する形式

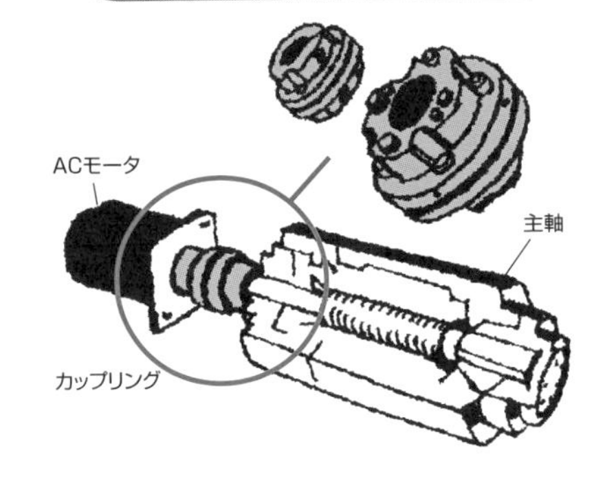

図３　ACモータの構造

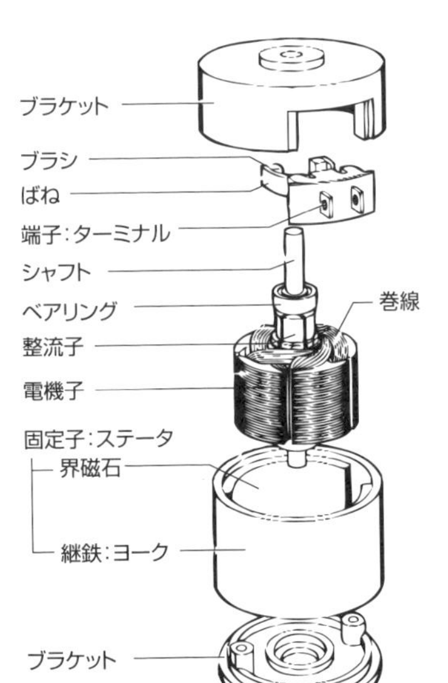

ACモータは無段変速で周速
一定制御が可能。

17 主軸(スピンドル)の構造

主軸の回転領域拡大に対応する仕組み

NC旋盤の主軸は、ねじ切り加工のように回転数が低い領域から、CBN工具を使った加工のように、回転数が高い領域まで広い範囲で回転精度を維持しなければなりません。近年では加工能率向上のため一層高周速化が求められており、主軸の回転領域は拡大する傾向です。また、加工精度向上のため主軸の熱膨張の抑制が求められており、軸受の低トルク化が課題です。主軸の構造は①主軸、②主軸を支持する軸受、③電動機の動力を主軸に伝達する駆動機構の3つに大別されます(図1)。とくに主軸の軸受はNC旋盤の性能を支配する(加工精度に直結する)主要な部分で、回転精度、剛性、熱的安定性(発熱による主軸の伸び抑制)などが求められます。軸受の種類は「ころがり軸受」と「すべり軸受」の2種類がありますが、工作機械の主軸の軸受には低回転から高回転に対応し、回転精度が高く、保守・組立が簡便であることから「ころがり軸受」が多様され、一般には円筒ころ軸受や円錐ころ軸受が採用されています。円筒ころ軸受は外径寸法に比べラジアル剛性(軸に垂直な力に対する抵抗力)が高いことが特徴です。また、ころの形状が単純なため相互差が小さく、高精度なことも利点です(図2)。アンギュラ玉軸受が併用されることもあります。円錐ころ軸受はラジアルとスラストとの両方向の荷重を同時に受けることができ、剛性が高く、予圧の調整を容易に行うことができるのが特徴です。円錐ころ軸受は剛性を増すために軸受を背面合せにし、予圧をかけて組み込まれます。軸受の予圧の変動は主軸の振れに影響し、びびりが発生しやすくなります。

主軸は各種の軸受で支持されますが、支持方法には「2点支持」と「3点支持」があります(図3)。3点支持は2点支持よりも剛性、減衰性が高くなります。NC旋盤の主軸は長尺の材料を主軸の中心を通して供給できるように中空構造になっています。

要点BOX
- 転がり軸受が使われている
- 軸受は発熱やびびりに影響する
- 3点支持は2点支持よりも剛性、減衰性が高い

図1　主軸頭の構造

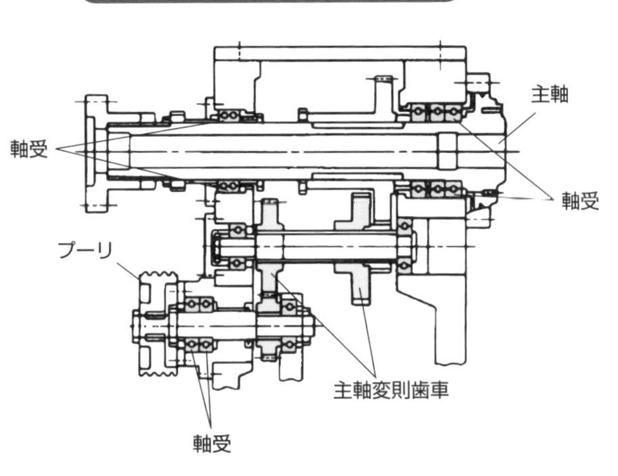

図2　主軸を支持する軸受

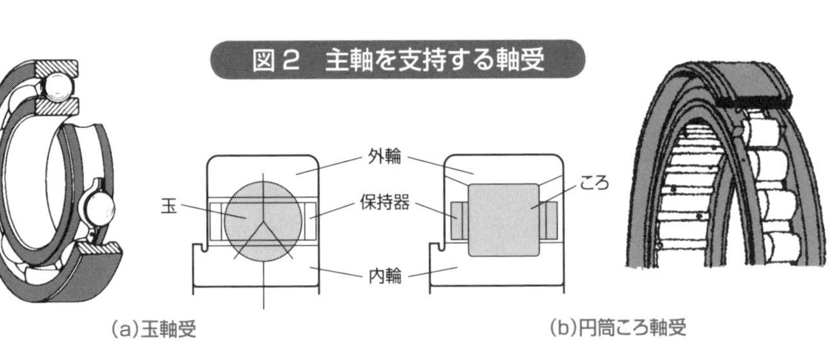

図3　2点支持と3点支持

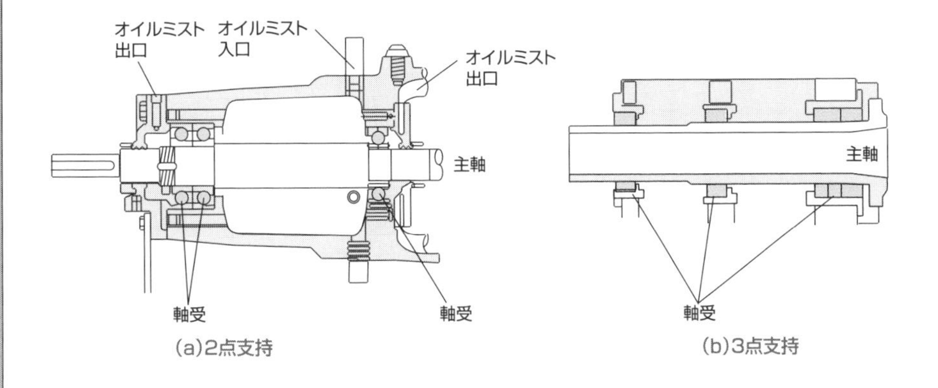

18 主軸の特性

静かで回転振れがないことが基本特性

工作機械の主軸は、加工精度に直結する重要な要素部品で、静かで、回転振れがないことが基本特性として求められます。さらに、硬い材料を削る場合には剛性の高さ(曲がりにくい)が要求され、電子部品などの金型や医療部品など小さい工作物を削る場合には、回転数が高いことも望まれます。

主軸の剛性は主軸を支える軸受の剛性に依存します。工作機械の主軸を支持する軸受には主としてころがり軸受、静圧空気軸受、磁気軸受があり、静圧空気軸受や磁気軸受は機能性に優れた面がありますが、コストや互換性などの点で現在でもころがり軸受が主流です。主軸の剛性を高めるためには、①軸受の負荷容量を大きくすること、②組込み時の予圧を大きくすることが有効です。しかし、これらは回転時の抵抗になるため、高速回転を妨げることになり、発熱が高く、主軸が熱膨張し、加工精度の低下につながります。

主軸の剛性と回転数の関係を表す指標に「dN値」があります(図1)。dN値は軸受の内径(㎜)と回転数(min^{-1})の積を表したものです。dN値を一定とすると、軸受の内径が大きくなるほど剛性は　高くなりますが回転数は低くなり、軸受の内径が小さくなるほど剛性は低くなりますが回転数は高くなります。dN値と似た指標に「dm・N値」があります。dmは軸受の転動体(玉またはコロ)の中心を結ぶピッチ円直径(㎜)で、Nは主軸回転数です。dm・N値は軸受の内径が同じ場合、転動体の直径が小さいほどNが高くなるため、高速回転に有利と考えられますが、それは間違いです。通常、dm・N値はdN値のおよそ1・4倍の値になります。

軸受を高速化するため軸受の材質や構造、潤滑方法も工夫されており、セラミックスの転動体を使用した軸受や潤滑油と空気を混合した潤滑や強制潤滑などが開発されています(図2、3、4)。

要点BOX

- ●dN値は主軸の剛性と回転数の関係を表す指標
- ●dN値と似た指標にdm・N値がある
- ●dm・N値はdN値のおよそ1.4倍

主軸には剛性と高速の両方の特性に優れていることが望ましいですが、前述のとおり両方の特性を有する主軸はありません。主軸の特性を理解し、工作物材質や加工目的に適した使い分けが大切です。

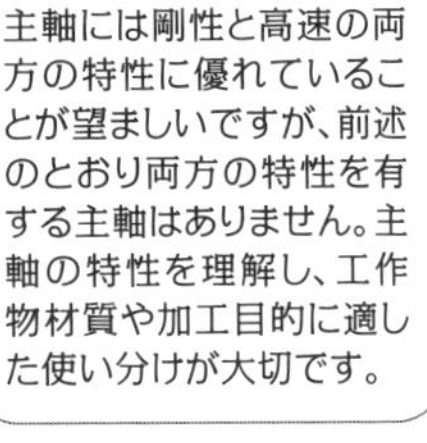

図1　軸受の dN 値の一例

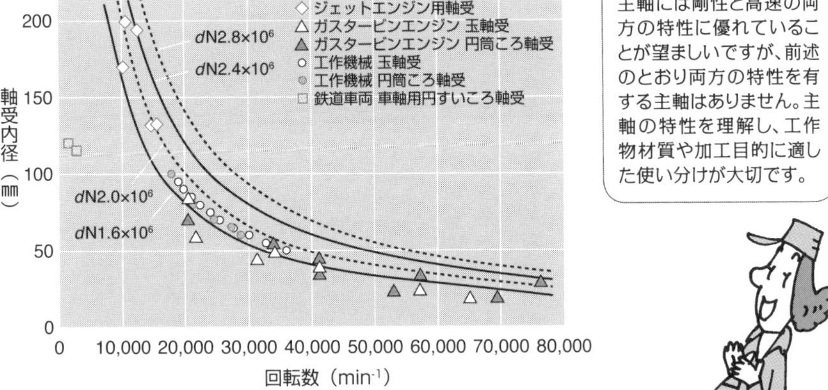

図2　転動体にセラミックを使う

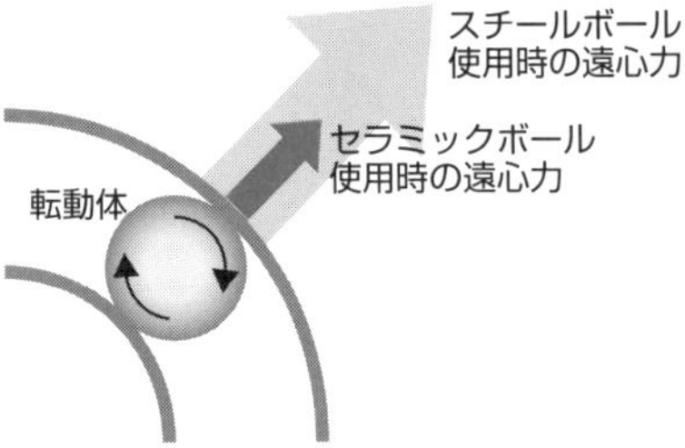

スチールボール使用時の遠心力
セラミックボール使用時の遠心力
転動体

転動体にセラミックを使うことにより、回転時の遠心力を軽減でき、潤滑特性も向上する。

図3　主軸内にセンサを組み込んだ例

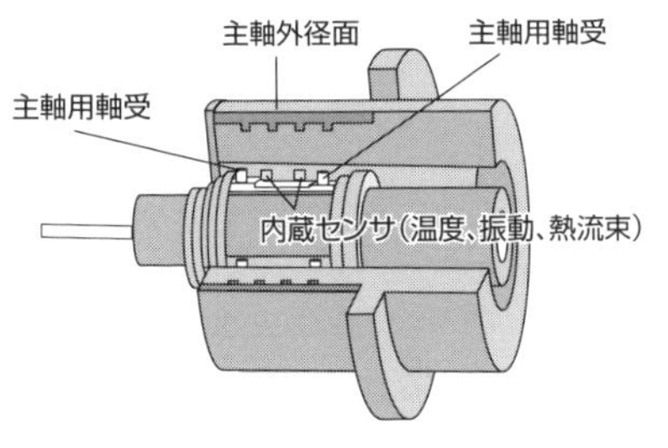

主軸内にセンサを組み込むことにより、主軸の状態監視や焼付きの未然防止ができる。

図4　主軸に作用する力

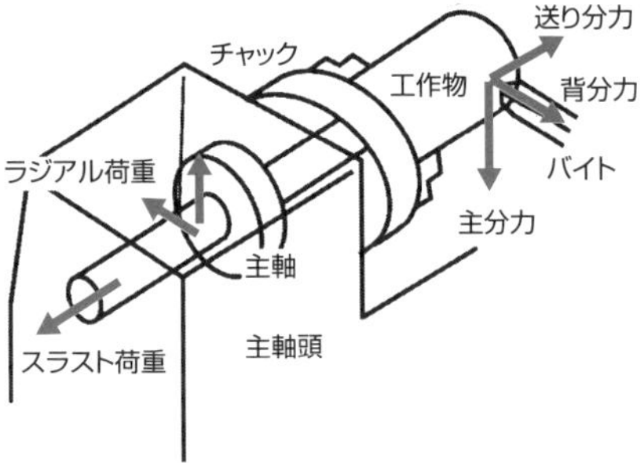

送り分力
チャック
工作物
背分力
ラジアル荷重
バイト
主分力
主軸
スラスト荷重
主軸頭

19 ベッドの角度

水平形とベッドを傾けたスラント形がある

NC旋盤には①フラットベッド構造（水平形、図1）と②ベッドを傾けたスラント構造（スラント形、図2）の2種類があります。①水平形はベッドが地面と水平な構造で往復台は水平に移動します。水平形は往復台を水平に支えるため、剛性が高く、重切削・重量物の加工に適しています。一般に水平形は心間が長いものが多く、長物の加工に適しています。

ガイド形状には「山形」と「平形」があります。「山形」は往復台、心押し台の移動時の真直性が良いことが利点です。「平形」は重量および重切削時の切削抵抗を受けることができ、また、角ガイドの4面を拘束することで直進性も高まります。両者の利点を生かし、山形と平形の組み合わせを採用しているものが多いです。水平形は普通旋盤のベッドと同じ構造なので、普通旋盤と同じ作業性で操作することができます。

②スラント形はベッドが斜めに傾いた構造です。地面とベッドの水平面がなす角を「スラント角」、角度の大きさを「スラント角度」といいます。スラント(Slant)は傾斜・勾配いう意味で、スラント角度が小さいほどベッドは地面と水平になり、大きいほどベッドの上面が地面と垂直に近くなり、作業者側を向くことになります。通常、スラント角度は45°～60°程度です。スラント角度が大きくなるほど機械本体の奥行がなくなるため省スペースになりますが、機械本体の高さ（背）が高くなります。

スラント形は刃物台（タレット）が手前に接近するため作業性が良いこと、さらに切りくずは重量によって落下するためベッドに溜まりにくく、切りくず堆積による熱変形を受けにくくなることが利点です。一方、スラント角度が大きくなるほど、斜めに傾いたベッドで刃物台を支えることになるため、刃物台の自重には不安定です（重力は常に下向きに作用します）。

要点BOX
- ●フラット形は重切削に向いている
- ●スラント形は作業性が良い
- ●スラント角度の利点と欠点を把握する

図1　水平形（フラットベッド構造）

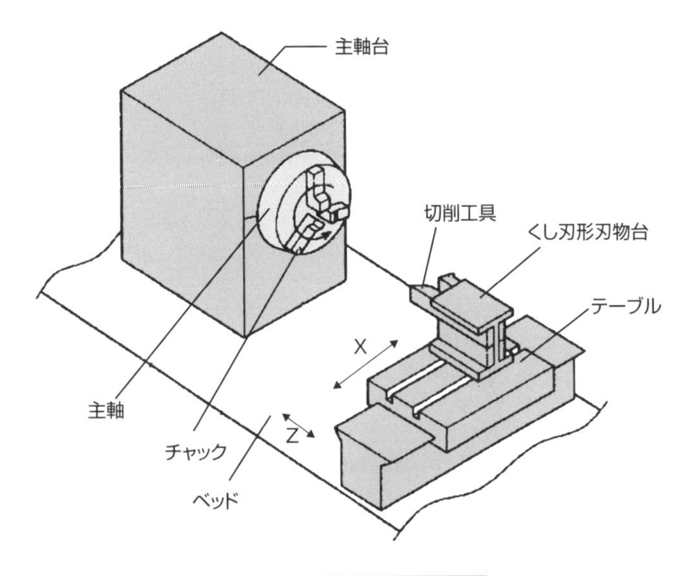

図2　スラント形（傾斜ベッド構造）

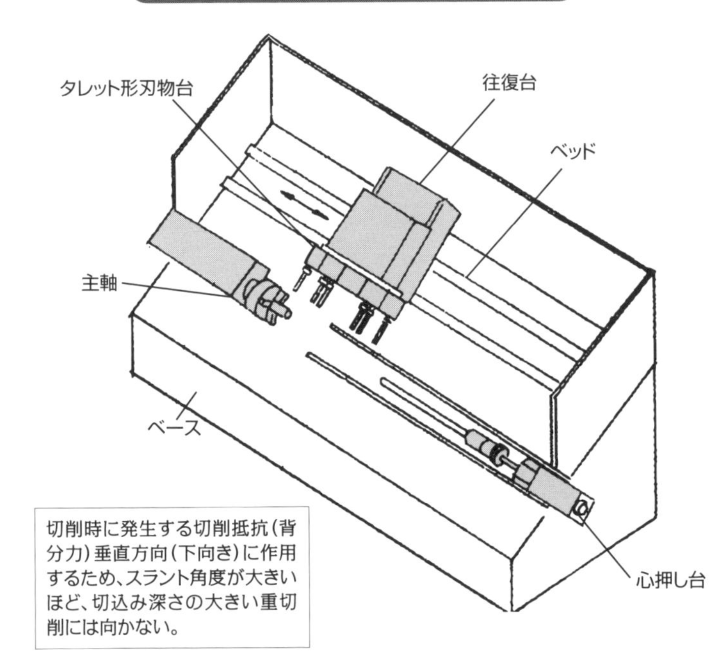

切削時に発生する切削抵抗（背分力）垂直方向（下向き）に作用するため、スラント角度が大きいほど、切込み深さの大きい重切削には向かない。

20 刃物台の種類

くし刃形とタレット形

　普通旋盤には「複式刃物台」が装備され、通常4本のバイトを取り付けることができます。そして、複式刃物台を手動で旋回（回転）することによって、加工に使用するバイト（切削工具）を割り出すことができます。ＮＣ旋盤の刃物台の形式には主として①くし刃形（くし形）と②タレット形の2種類があります。

　①くし刃形は横送り刃物台に複数のバイト（切削工具）を櫛歯（くしば）状に取り付ける形式です（図1）。バイトを取り付けた様子が女性の櫛に似ていることが名称の由来です。くし刃形はバイトの割り出し（使用するバイトを定位置に移動させること）を横送り台の直線運動だけで行うため、高速で位置決め精度および繰り返し精度が高いことが利点です。

　また、切削も割り出しと同様に、ＸＺの平面の2軸運動で行うため加工精度が高いのが特長です。一方、平面上にバイトが並ぶため干渉に気を付ける必要があり、工具レイアウトに制約があることが欠点です。くし刃形はフラットベッド構造と組み合わせ、加工精度が要求される超精密旋盤に採用されています。

　②タレット形はタレットヘッドといわれる旋回刃物台の円周に多数のバイト（切削工具）を取り付ける形式です。タレットは「城や城壁などの建築物で、壁から張り出して上へ伸びている小さい円塔」という意味です。タレットヘッドを旋回（回転）することによって、使用するバイトを割り出せます。

　タレット形は装着できるバイトの数が多いので使用するバイトの本数が多い複雑形状の加工に有利です。一方、タレット形はタレットヘッドが重量であるため、割り出しに高いトルクが必要で機械本体が大きくなる傾向があります。しかし、くし刃形に比べて割り出しの位置決め精度、繰り返し精度が劣ります。

　簡単に区別すると、くし刃形は加工精度優先、タレット形は加工効率優先となります。

要点BOX
- ●くし刃形はXZ平面の2軸運動
- ●くし刃形は加工精度優先、タレット形は加工効率優先

図1　くし刃形

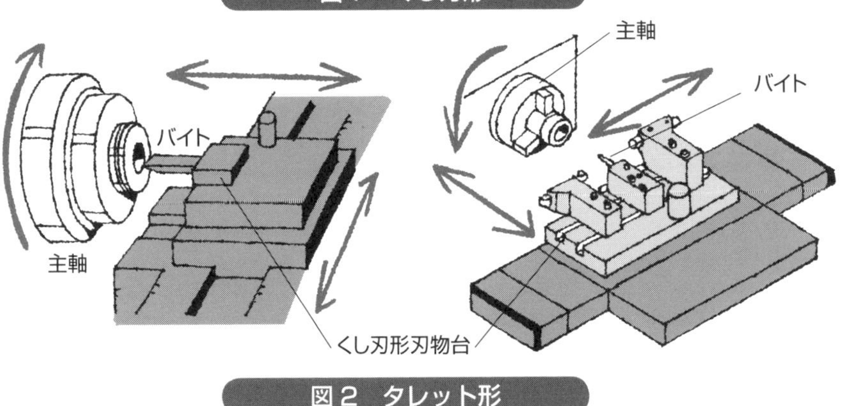

図2　タレット形

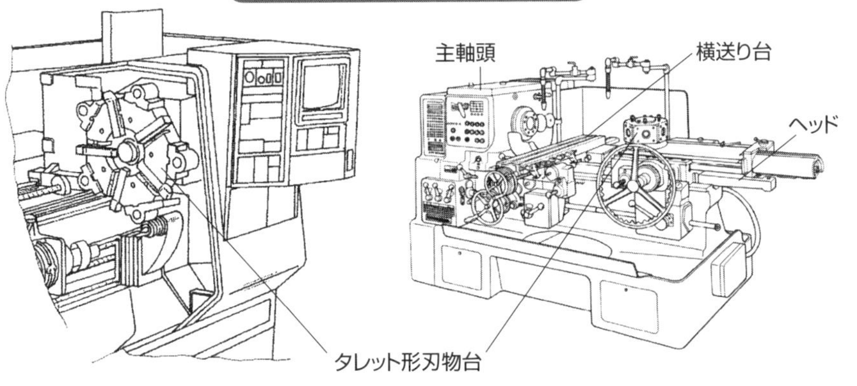

図3　刃物台の構造（タレット形）

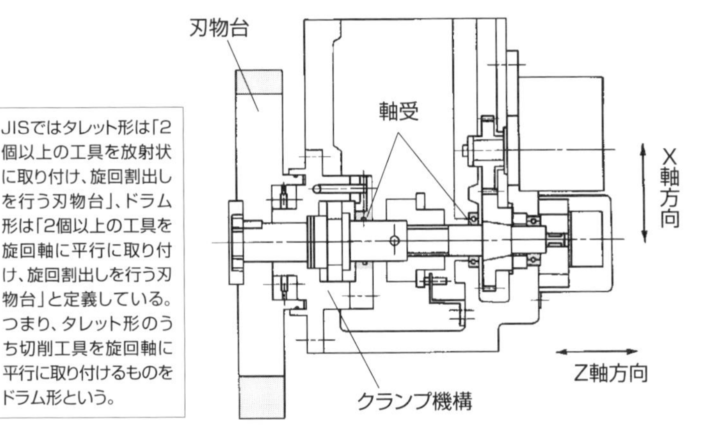

JISではタレット形は「2個以上の工具を放射状に取り付け、旋回割出しを行う刃物台」、ドラム形は「2個以上の工具を旋回軸に平行に取り付け、旋回割出しを行う刃物台」と定義している。つまり、タレット形のうち切削工具を旋回軸に平行に取り付けるものをドラム形という。

21 案内機構の種類

すべり案内ところがり案内

NC旋盤の往復台の摺動面機構には①すべり案内と②転がり案内の2種類があります(図1)。

すべり案内は摺動面同士が油膜を介して接触しているもので、接触面積が大きく、剛性が高いこと、切削抵抗などの振動の減衰性が高いことが利点です。このため、転がり案内よりも断続切削や重切削に適します。しかし、面接触によるすべり運動のため摺動抵抗が大きく、応答性・動作性が若干劣ります。摺動面には潤滑油の供給が欠かせないため潤滑油の消費量が多く、ランニングコストが高いこと、運動精度の維持管理が難しいことが欠点です。潤滑油は切らさないよう注意が必要です。また、誤作動による衝突や誤条件による高負荷によって摺動面が傷ついた場合、修理費は摺動面のきさげ(再調整)が必要になるため、結果的に高額になってしまいます。

一方、ころがり案内は摺動機構にリニアガイドやローラガイドを使用したもので(図2)、転動体によるころがりによって運動するため、摺動抵抗が小さく、応答性・動作性に優れることが利点です。しかし、駆動部と案内部は点や線接触で接触面積が小さいため剛性が低く、振動の減衰性が低いことが欠点です。重切削や断続切削には適さず、とくに衝撃には弱いため注意が必要です。リニアガイドやローラガイドは1つの工業製品であるため特別な維持管理は必要なく、ランニングコストはすべり案内に比べて安価です。リニアガイド(LMガイド)は転動体が球で、ローラガイドは転動体がローラです。球は点接触、ローラは線接触のため、同じサイズの場合、ローラガイドはリニアガイド(LMガイド)よりも剛性が高くなります。仕上げ面の品位や加工精度、工具寿命は一般に転がり案内に比べてすべり案内が優位ですが、切削条件やツールパスなど使い方によって転がり案内でも十分な仕上げ面品位、加工精度、工具寿命を得ることはできます。

要点BOX
- ●すべり案内は剛性が高く、減衰性が高い
- ●ころがり案内は応答性・動作性に優れる
- ●構造機構や部品単体の特性を知ることが大切

図1　案内方式の種類

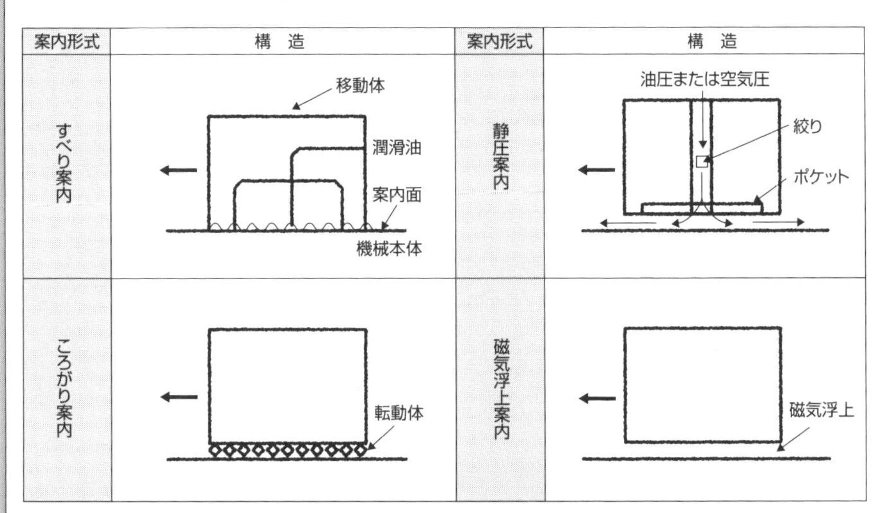

図2　ボールねじとリニアガイド

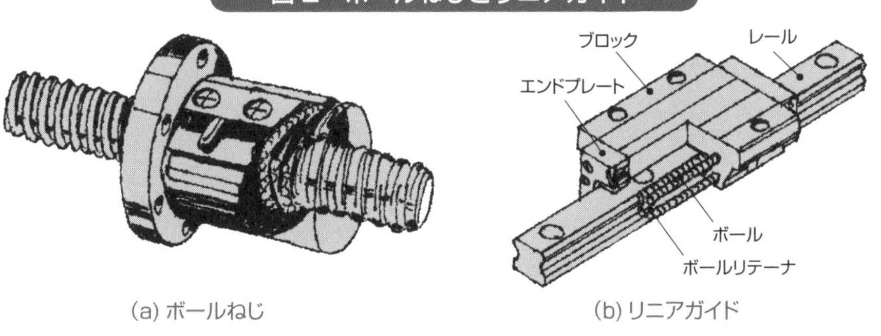

(a) ボールねじ　　(b) リニアガイド

図3　ACサーボモータとボールねじ

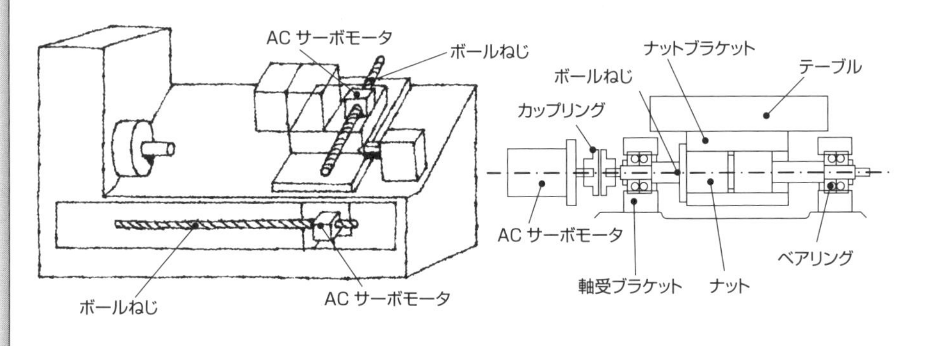

22 ガイドブシュとガイドブシュレス

自動旋盤の工作物を支持する方法

自動旋盤はカムや油圧、電気的な機構、NC制御によって自動化された旋盤のことで、主軸台が主軸の軸方向移動することによって送り運動を行うものを「主軸台移動形」、主軸が固定され、刃物台が主軸の軸方向移動することによって送り運動するものを「主軸台固定形」といいます（図1）。通常、主軸移動形は細くて長い工作物の加工に適し、主軸固定形は太くて短い工作物の加工に適します。

自動旋盤は①長い工作物を主軸を通して供給し、目的の加工後、突っ切りバイトを使って主軸の根元で工作物を突っ切り、人の手を介さずに次から次へと自動的に同じ形状を加工する形式（加工後に工作物を突っ切る加工は金太郎飴を切る作業と似ています）と、②一般的なNC旋盤のように、チャックを使用し、1回の加工ごとに工作物を供給し、加工する形式の2種類があります。①では通常、コレットで工作物を保持し、工作物を押し出す機構は「シャープペンシル」と同じで、シャーペンの芯を押し出すように工作物を主軸から突き出します。

自動旋盤の工作物の支持には①ガイドブシュ方式と②ガイドブシュレス方式の2種類があります（図2）。ガイドブシュはコレットから長く突き出した工作物のたわみを抑えるために、バイトの近くで工作物を支持するための治具です。

ガイドブシュ方式は長物の加工に適していますが、コレットからガイドブシュまで距離があるため、残材が多くなるという欠点があります。一方、ガイドブシュレス方式はガイドブシュを使用しない方式で、残材を短くでき、コスト削減に有効です。

従来はガイドブシュ方式かガイドブシュレスかを購入時に選択する必要がありましたが、ガイドブシュの脱着機構を簡単にし、短時間で交換できるようにすることで加工環境によって使い分けが可能なものも市販されています。

要点BOX
- ●主軸台移動形と主軸台固定形がある
- ●工作物の供給はシャープペンシルと同じ仕組み
- ●ピーターマンはスイス製の自動旋盤の名前

図1　主軸台の動き

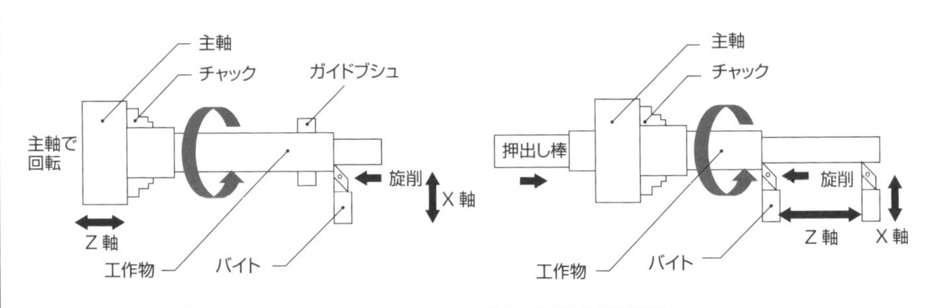

(a) 主軸台移動形
長手方向に動くのは工作物（主軸台）

(b) 主軸台固定形
長手方向に動くのは工具（刃物台）

図2　ガイドブシュ方式とガイドブシュレス方式

(a) ガイドブシュ式

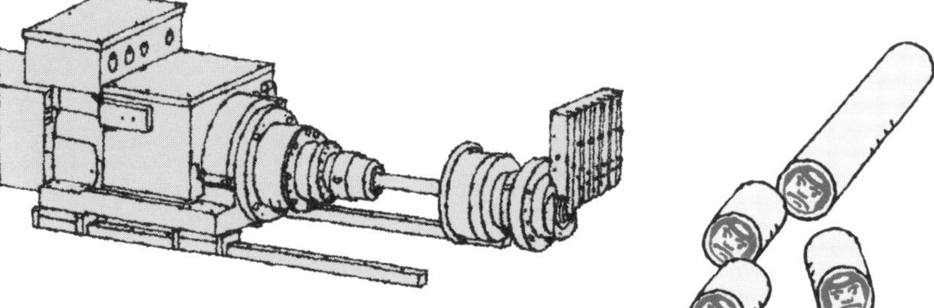

コレットから長く突き出した工作物のたわみを抑えるために、バイトの近くで工作物を支持する

金太郎飴のように同じものをどんどん切り出します

(b) ガイドブシュレス式

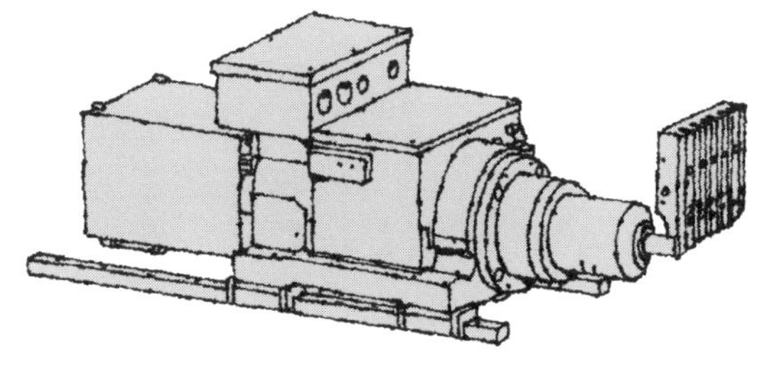

ガイドブシュを使用しない方式で、残材を短くでき、コスト削減に有効

主軸台移動式で、ガイドブシュ方式の自動旋盤を「ピーターマン(Petermann)」ということがある。ピーターマンはスイス製(JOSEPH PETERMANN LTD)の自動旋盤の名前。

23 自動化のための装備①

オートローダ、バーフィーダ、ロボットシステム

NC旋盤には自動化、無人化、省力化を図るための装備をオプションで付けることができます。たとえば、オートローダ(Auto Loader)は「工作物を自動的に所定の位置に搬送する装置」の総称で、Autoは自動、Loderは荷物を積む人、積込機という意味です。

オートローダの一種にガントリーローダがあります(図1)。ガントリーローダは製造ラインで工作物の搬送を行うロボットアームのことです。機械本体の上部に梁(はり)を渡し、梁に取り付けられた簡易なロボットアームによって工作物を着脱します。ガントリーは門形構造という意味です。ガントリーローダは多量製品の自動化には向いていますが、多品種生産のように段取り換えの頻度が高い場合には適しません。また、ガントリーローダは基本的に直交2軸の運動になるため着脱姿勢に制約があり、導入コストが高いことが欠点です。

図2のバーフィーダは主軸の中心を通る長い工作物を一定長さごとにチャックへ自動供給する装備です。工作物を供給するという点ではオートフィーダの一種といえます。バーフィーダは加工が終了し、工作物が突っ切られると、決められた長さだけ主軸の中心から工作物を自動で押し出します。バーフィーダを備えたNC旋盤では、通常、突っ切った工作物を「受け取る装置」も備えているので、工作物が落下することはありません。

ロボットシステムは多関節ロボットを使用することで、着脱姿勢に自由度があるため、多品種への対応がしやすい利点があります。多関節ロボットは人の手とほぼ同じ作業ができるため、日中は作業者による手動着脱で多品種な部品を加工し、夜間はロボットの自動着脱によって量産部品を加工するなど使い方を工夫することもできます。近年では加工室内に多関節ロボットを内蔵し、機械加工中でも加工室内でロボット動作ができるものも市販されています。

要点BOX
- ●ガントリーローダは多量製品の自動化に最適
- ●多関節ロボットは多品種への対応がしやすい
- ●昼間と夜間の使い分けが大切

図1　ガントリーローダ

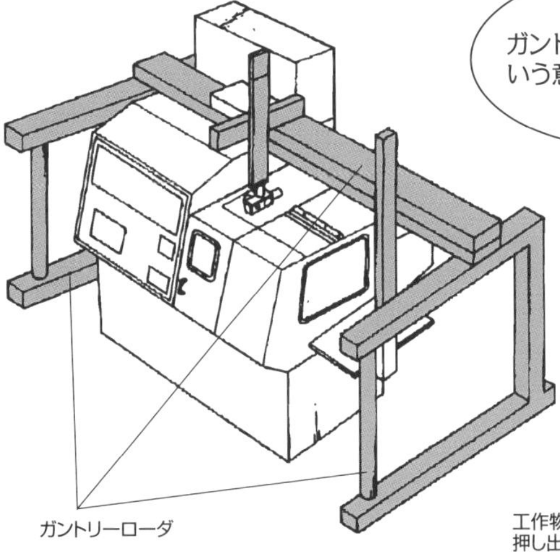

ガントリーローダ

ガントリーは門形構造という意味です。

図2　バーフィーダ

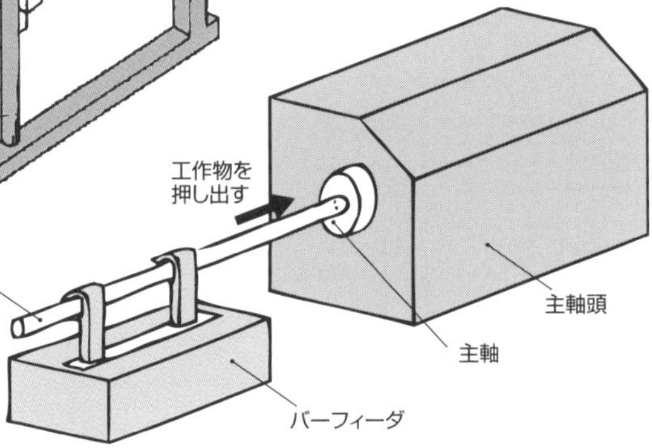

工作物を押し出す
工作物
主軸頭
主軸
バーフィーダ

図3　ロボットシステム

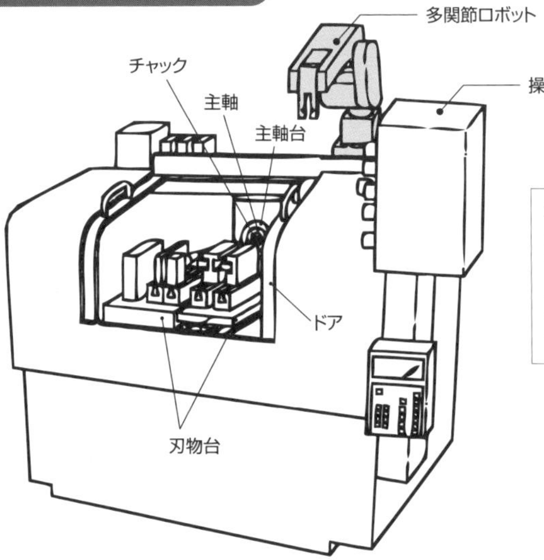

多関節ロボット
チャック
主軸
主軸台
操作盤
ドア
刃物台

オートフィーダやロボットシステムは、自動化による省人化だけではなく、作業者のスキルによる品質や作業時間のバラツキがなくなり、生産管理が行いやすいという利点がある。

24 自動化のための装備②

刃先センサ、ATC、AJC、自動テールストック

①刃先センサ：刃先センサ（ツールプリセッタ、セッティングゲージ）は、刃物台に取り付けたバイト（切削工具）の刃先位置を測定する装置です（図1）。バイトは種類によって長さやチップの形状、大きさが異なるため、刃先位置が異なります。刃先センサはバイトの刃先位置を検出し、NC装置に刃先位置を自動入力する装置です。ツールプリセッタが開発される以前は、バイトを刃物台に取り付けた後、試し削りを行い、刃先の位置座標をNC装置へ手入力していましたが、ツールプリセッタが開発された後は試し削りが不要になり、作業効率が向上しました。初心者でも簡単に刃先位置を把握することができるようになり、スキルレス化も進みました。

電気信号を使用した接触式の刃先センサは1984年頃に開発され、X軸、Z軸の4面に接触センサを配置しているため、平面度、直角度が高く、現在でも標準装置としてNC旋盤に装備されています。

②自動工具交換装置（ATC）：ATCはロボットアームでバイト（切削工具）を交換する装置で、Automatic Tool Chengerの略称です（図2）。ATCはマシニングセンタでは標準で装備されていますが、NC旋盤でも装備しているものがあります。

③自動つめ交換装置（AJC）：AJCは三つ爪チャックの爪を自動で交換する装置で、Auto Jaw Chengerの略称です。工作物の形状ごとに自動で爪を交換でき、自動化に役立ちます。

④自動主軸オリエンテーション：主軸を任意の角度に停止させるための機能です。任意の角度で主軸を停止させることができるため、異形状の工作物やロボットによる脱着が容易になります。

⑤自動テールストック：心押し台のことを「テールストック（Tail stock）」といい、NCプログラムによって心押し台または心押し軸を移動できる機能です（図4）。

要点BOX
- ●刃先センサは標準装備のものが多い
- ●NC旋盤にもATCがある
- ●スラント形は自動化に適している

図1　刃先センサ

図２　ＮＣ旋盤のＡＴＣの一例

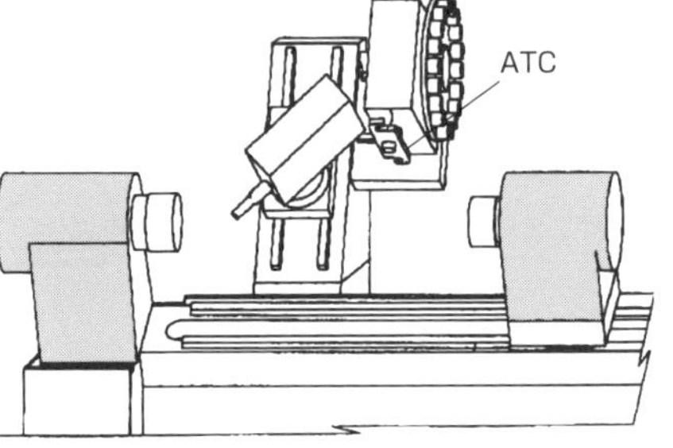

図3　自動工具交換装置(油圧の力)の一例

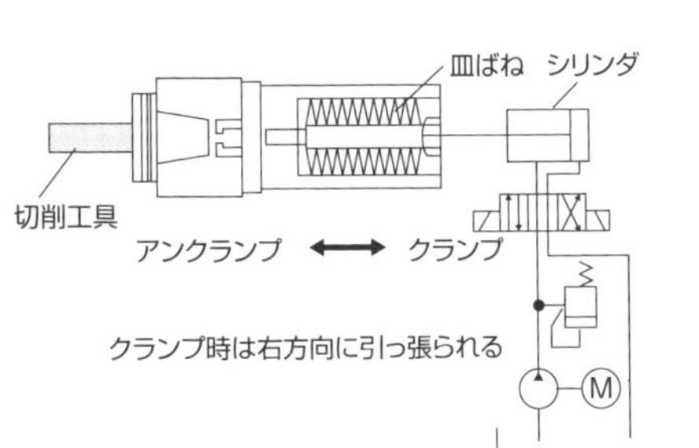

図４　ＮＣ旋盤の自動テールストックの一例

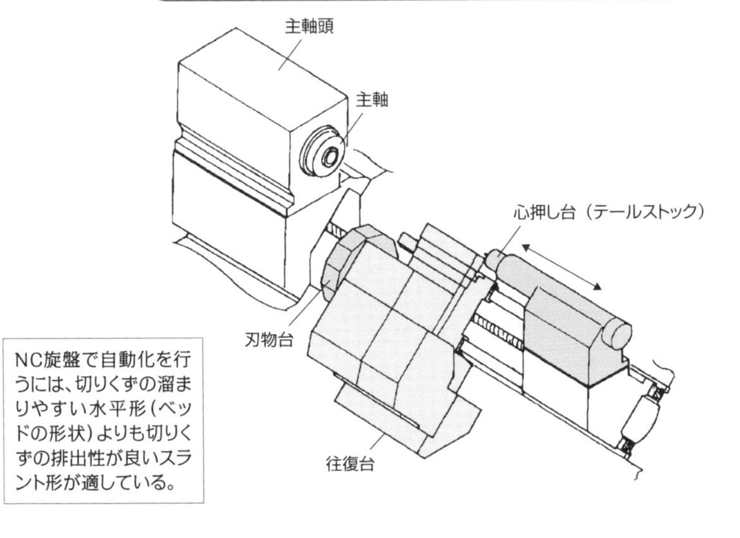

NC旋盤で自動化を行うには、切りくずの溜まりやすい水平形(ベッドの形状)よりも切りくずの排出性が良いスラント形が適している。

25 チップコンベア

切りくずを機外に運搬する

切りくずがNC旋盤の機内に堆積すると、切りくずの熱によってベッドが温度変化し加工精度に影響します。切りくずは速やかに機外へ排出することが大切です。切りくずを機外に運搬する装備装置を「チップコンベア」といいます。チップ(chip)は切りくず、コンベア(conveyor)は運搬する装置という意味です。切りくずには切削油剤が付着しているため、チップコンベアには切りくずを運搬するだけではなく、切りくずと切削油剤を分離させる機能も必要です。チップコンベアの切りくずを運搬する方式には①ヒンジ式、②スクレーパ式、③スクリュー式、④コイル式、⑤プッシュバー式の5種類があります(図1)。

①ヒンジ式は戦国時代の鎧や戦車のキャタピラのような構造で、つなぎ合わせた鋼板を移動させて切りくずを運搬する方式です。切りくずを鋼板の上に乗せて運ぶため、工作物の材質や切りくずの状態に関係なく効率良く運搬できることが利点です。ただし、粉状の切りくずは鋼板の隙間に入り込むことや切りくずが鋼板に張り付きやすくなるのが欠点です。

②スクレーパ式はスクレーパといわれる板状の「へら」で切りくずを運搬する方式です。粉状の切りくずに適しており、切削油剤の分離が優れています。

③スクリュー式はらせん状の羽根が回転することによる巻き上げ作用によって切りくずを運搬する方式で、スクリューの中心に軸がある有軸と軸がない無軸のものがあります。スクリュー式は短距離の運搬に適しており、安価であることが利点です。

④コイル式はスクリュー式と構造が似ており、スクリューの中心に軸がなく、ばねのような構造で、コイルの回転による巻き上げ作用により切りくずを運搬する方式です。長く繋がった切りくずは羽根やコイルに巻き付き、絡むことがあります。

⑤プッシュバー式はコンベアの左右に付けた突起で切りくずを引っ掛けて、運搬する方式です。

要点BOX
- ●切りくずは速やかに機外へ排出することが大切
- ●チップコンベアには切りくずと切削油剤を分離させる機能も必要

図1　チップコンベアの種類

ヒンジ式

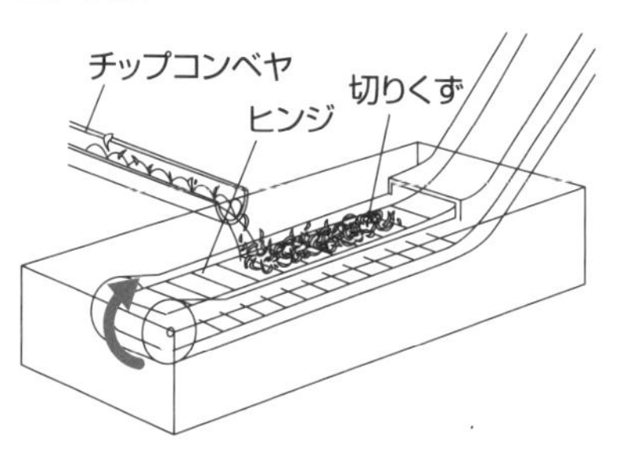

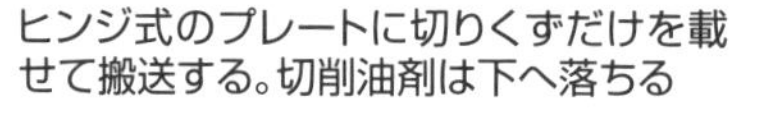

ヒンジ式のプレートに切りくずだけを載せて搬送する。切削油剤は下へ落ちる

スクレーパ式

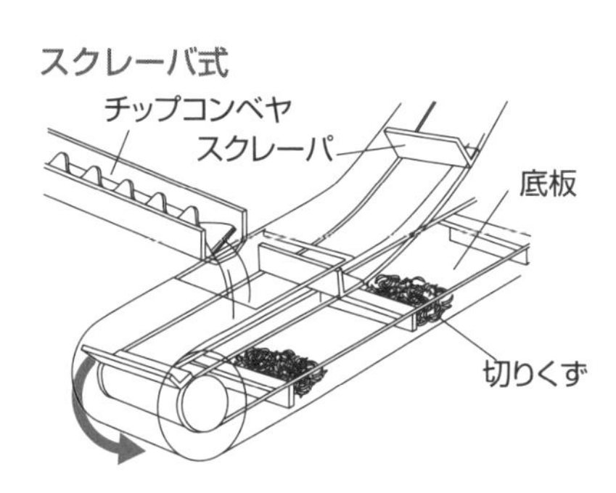

底板に溜まった切りくずをスクレーパでかき上げて、切りくずだけを搬送する

スクリュー式

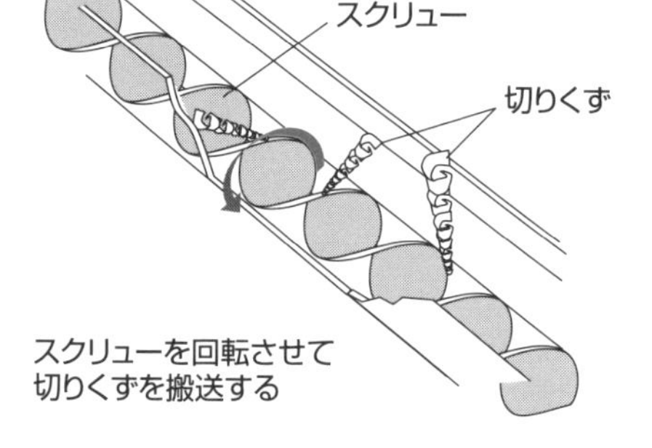

スクリューを回転させて切りくずを搬送する

プッシュバー式

切りくず

プッシュバー

プッシュバーを前後運動させて切りくずを搬送する

コイル式

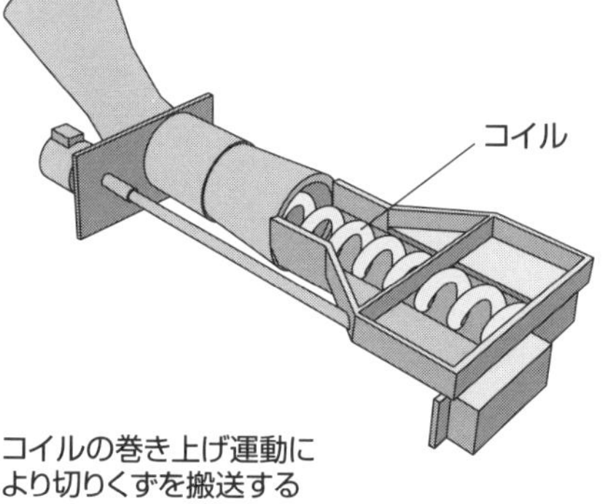

コイルの巻き上げ運動により切りくずを搬送する

Column

最新の技術動向②
超音波:低周波と高周波

通常、私たちが耳で聞くことのできる音(可聴音)の周波数は20 Hz(低音)～20 kHz(高音)で、20 KHzを超える周波数は聞くことができません。

超音波の一般的な定義は「人間が聞くことができない音」ですから、20 Hzより低い周波数の音、または20 KHzより高い周波数の音を超音波といいます。ただし、超音波を工業的な目的で使用する場合の定義は「聞くことを目的としない音」とされているので、音として聞こえる周波数でも、工業的な用途の音であれば「超音波」ということになります。

超音波は家庭用としても使用されており、めがねや衣類の汚れ落としに使用されている超音波洗浄機の周波数は40 kHz程度です。その他にも魚群探知機や非破壊検査、健康診断で行う体内の検査など超音波はさまざまな分野で利用されています。

超音波は機械加工にも使用されており、超音波を使用して切削加工、研削加工を行う工作機械を「超音波加工機」といいます。機械加工に使用される超音波の周波数は約20 KHz～50 KHzです。超音波加工機は振動する振動子と、振動子を駆動するための発振器を備えており、振動子は超音波振動を発生させる電圧を加えると振動が発生する部分とこの振動の振幅を増大するホーンに区分され、ホーンの先には工作物を削る工具が付いています。

ガラスやセラミックス、超硬合金、サファイヤ、単結晶シリコンなど硬くて、脆い材料(硬脆材料)は欠けやすく、通常では加工を行うことが難しいですが、切削工具に超音波を付与し、微小振動させることによって微細に破砕し、加工することができます。

また、延性材料である金属材料においても超音波の微小振動は加工抵抗を低減させ、凝着(構成刃先)の防止、バリの低減、研削砥石の目づまり、目つぶれの抑制など有益な作用をもたらします。

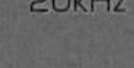

第3章 知っておきたい NC制御の基礎知識

26 NCの原理

穿孔テープを読み取り、電気信号に置き換え

旋盤をはじめとする工作機械はNC(数値制御)が開発される以前は手動でハンドルやレバーを操作(回転)して動かしていましたが、NC開発後は自動(プログラム)で動かせるようになり、同じ製品を同じ精度、同じ時間で昼夜問わず大量につくることができるようになりました。NCは1952年、ジョン・T・パーソンズが主となり、マサチュセッツ工科大学とGEとの共同によって開発されましたが、開発当時の指令情報は紙テープに孔をあけたものでした。

紙テープに孔をあけて指令する原理は1801年、フランスのジョゼフ・マリー・ジャカールが発明したジャカード織機(自動織機)が礎になったようです。彼が考案した織機の原理は紙に孔があいていれば、タテ糸が送られるというものでした。その後、孔の位置や有無によって複雑なパターンの織物の自動化が進みました。当時、使用されていた紙は「パンチカード、穿孔テープ」といわれていました(図1、図3)。

NC装置は穿孔テープを読み取り、指令(電気信号)に置き換え、サーボモータを動作させます。ただNC装置はサーボモータの制御のみを行い、主軸モータの回転数の変速(ギアやクラッチの変換)や切削油剤の入切、工具交換などは付属するオン・オフ回路(シーケンス回路)で行われます。当時は加工のたびに穿孔テープをNC装置に読み取らせる必要がありましたが、NC装置にマイクロプロセッサやメモリ(パートプログラム記憶装置)が内蔵されてからは穿孔テープの内容を記憶することができるようになり、複数の加工データを蓄積でき、作業性が飛躍的に向上しました(図2)。

主軸モータにも連続可変速が可能なサーボモータが使用され、NC装置による速度制御が行われるようになりました(図4)。近年ではPCの性能がNC装置を上回るようになり、NCを使わない工作機械も流通し始めています。

要点BOX
- ●NCの起源は織機
- ●NC装置の開発当時は穿孔テープを読み取り
- ●NCを使用しない工作機械も流通し始めている

図1　NC装置と工作機械の構成（NC開発当時）

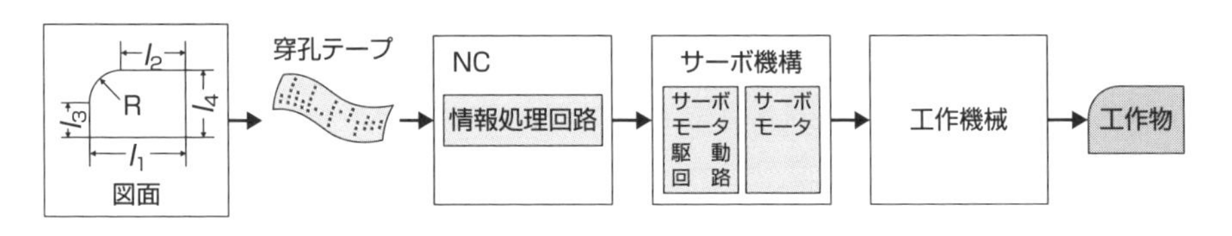

図2　NC装置と工作機械の構成（現在）

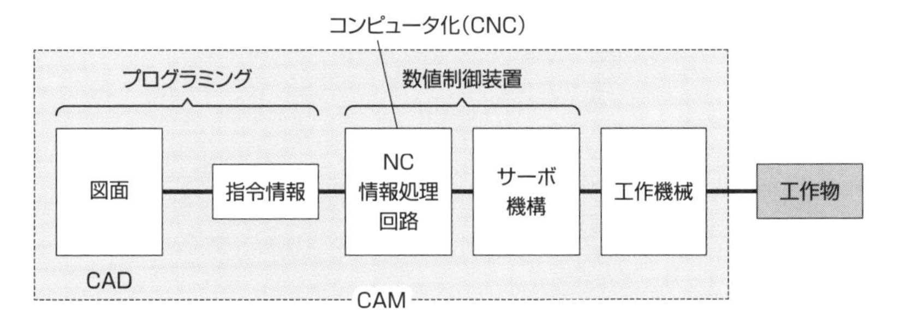

図3　NC装置開発当時の構成

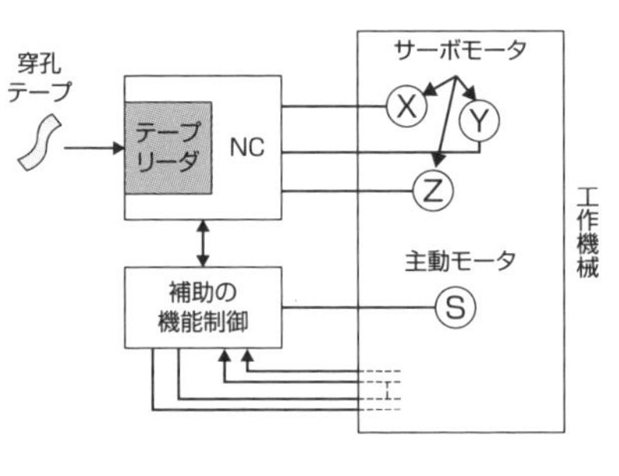

NC装置は穿孔テープを読み取り、
サーボモータを動作させる

図4　PCと結合したNC装置の構成

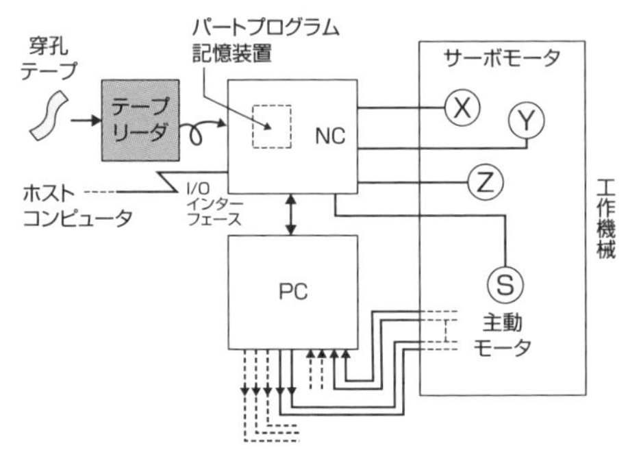

NC装置内部にメモリをもち、
穿孔テープの内容を記憶できる。
PCによる演算や複雑な制御も可能

コンピュータ(PC)の性能が向上すると、NC装置とPCが結合されるようになり、NC装置ではまかなえない演算や複雑な制御ができるようになった。

27 NC装置

NC旋盤を自動で動かすためにはNCプログラムが必要ですが、NCプログラムは主として①主軸の回転数指令、②刃物台（往復台）の移動指令、③周辺装備のオン・オフ指令の3つから構成されます。主軸の回転数指令と刃物台の移動指令はNC装置によって制御され、周辺装備のオン・オフ指令はNC装置に内蔵されたPLC（シーケンス）コントローラによって制御されます（図1）。PLCはシーケンサと呼ぶ場合もあります。

①主軸の回転数指令と②刃物台（往復台）の移動指令はNC装置がサーボモータを制御して実行されます。主軸の回転数はロータリーエンコーダ（回転位置検出器）、②刃物台（往復台）の移動はスケールを使用したフィードバック機能によって、誤差なく正確に指令を実行します。ロータリーエンコーダやスケールから返送される信号によって誤差を補正する制御を「フィードバック制御」といいます。現在のNC装置には高性能なコンピュータを使用しているため、複雑な制御を高い信頼性で実行することができます（図2、図3）。近年の多軸化もコンピュータの性能向上なくしては実現しません。

③装備のオン・オフ指令、はNCプログラムのT機能やM機能を示し、たとえば、油圧ユニットのソレノイドバルブのオン・オフ（チャックの開閉、刃物台の固定、心押し台の固定など）、切削油剤の入切、リミットスイッチの監視など周辺装備の起動は、PLCコントローラによって機械本体に配置されている制御盤内のリレーをオン・オフすることによって実行されます。つまり、NC装置にはメインとなる「数値制御を行うNC制御」に加えて、サブ的な機能として「周辺装置を動かすPLC制御」が組み込まれています。また、オートローダやバーフィーダ、ロボットを使用した自動化装置を装備し、使用するためにはNC旋盤のNC装置と連動する必要があります。

要点BOX

- ●NCプログラムは3つから構成される
- ●メイン機能は「数値制御を行うNC制御」
- ●サブ機能は「周辺装置を動かすPLC制御」

図1　NCの指令の流れ

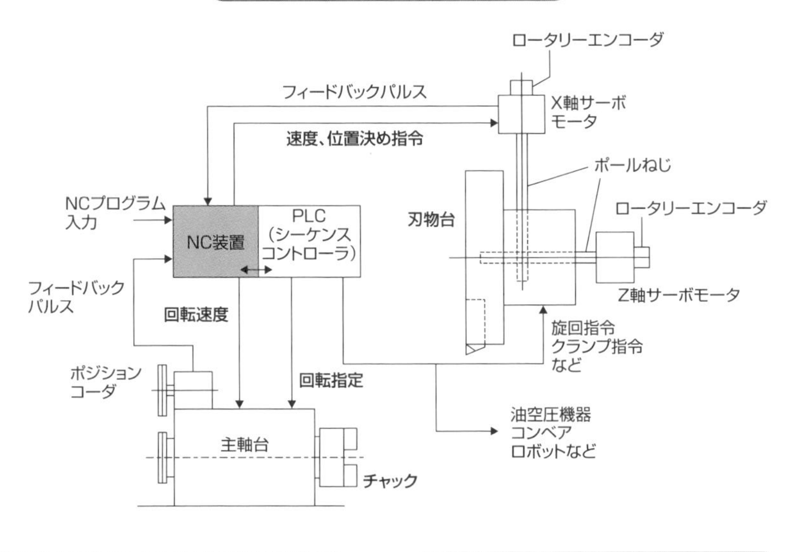

図2　NC装置の内部構成

図3　軸制御回路の内部構成

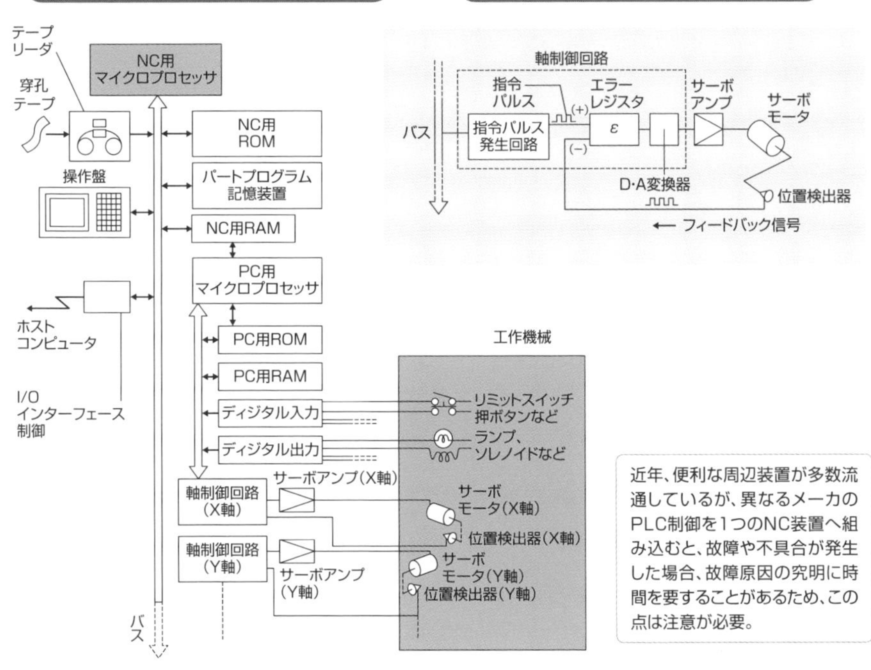

近年、便利な周辺装置が多数流通しているが、異なるメーカのPLC制御を1つのNC装置へ組み込むと、故障や不具合が発生した場合、故障原因の究明に時間を要することがあるため、この点は注意が必要。

28 フィードバック制御の種類

セミ・クローズドループ、フル・クローズドループ、ハイブリッドループ

NC旋盤はNC装置がNCプログラムを読み取り、駆動モータに指令を送ることでテーブルや主軸頭が運動しますが、運動する際には指令した位置と現在の位置の差を常に確認し、NC装置にフィードバックしています。このような制御方法を「フィードバック制御」といいます。

NC旋盤に採用されているフィードバック制御には主として、①セミ・クローズドループ方式と、②フル・クローズドループ方式の2種類があります（図1）。

①セミ・クローズドループ方式はサーボモータのスピンドル（軸）またはボールねじの回転角度をロータリーエンコーダという装置で検出し、運動体（主軸頭やテーブル）の位置を予測する方法です。つまり、運動体（テーブルや主軸頭）の位置を駆動軸の回転によって予測する方式です。セミ・クローズドループ方式は構造が簡単で応答が早いことが利点ですが、反面、ボールねじのピッチ誤差（製品精度）や高速回転によるボールねじの膨張・伸縮、たわみ、バックラッシュなどが影響し、指令値と実際の座標値に誤差が生じる場合があります。ただし近年では、ロータリーエンコーダの取り付け位置の工夫や発熱、たわみの抑制、バックラッシュ補正を有したボールねじが使用されるなどの対策が講じられ、事実上ほとんど誤差が発生しません。

②フル・クローズドループ方式は運動体の傍に現在の位置を検出する直線スケール（磁器スケール、光学スケール、リニアスケールなど）を取り付けて、実際の運動体（テーブルや主軸頭）の位置を検出し、NC装置にフィードバックする方式です。クローズドループ方式は、実際の移動量を検出するため指令値と実際の座標値に誤差が生じにくいのが特徴で、0.0001㎜程度の高い位置決めが利点ですが、スケールを付ける必要があり、構造が複雑になることや、高価になることが欠点です。

要点BOX
- ●セミ・クローズドループは位置を予測する
- ●フル・クローズドループは位置を検出する
- ●ハイブリッドループは組み合わせ

図1　フィードバック制御の種類

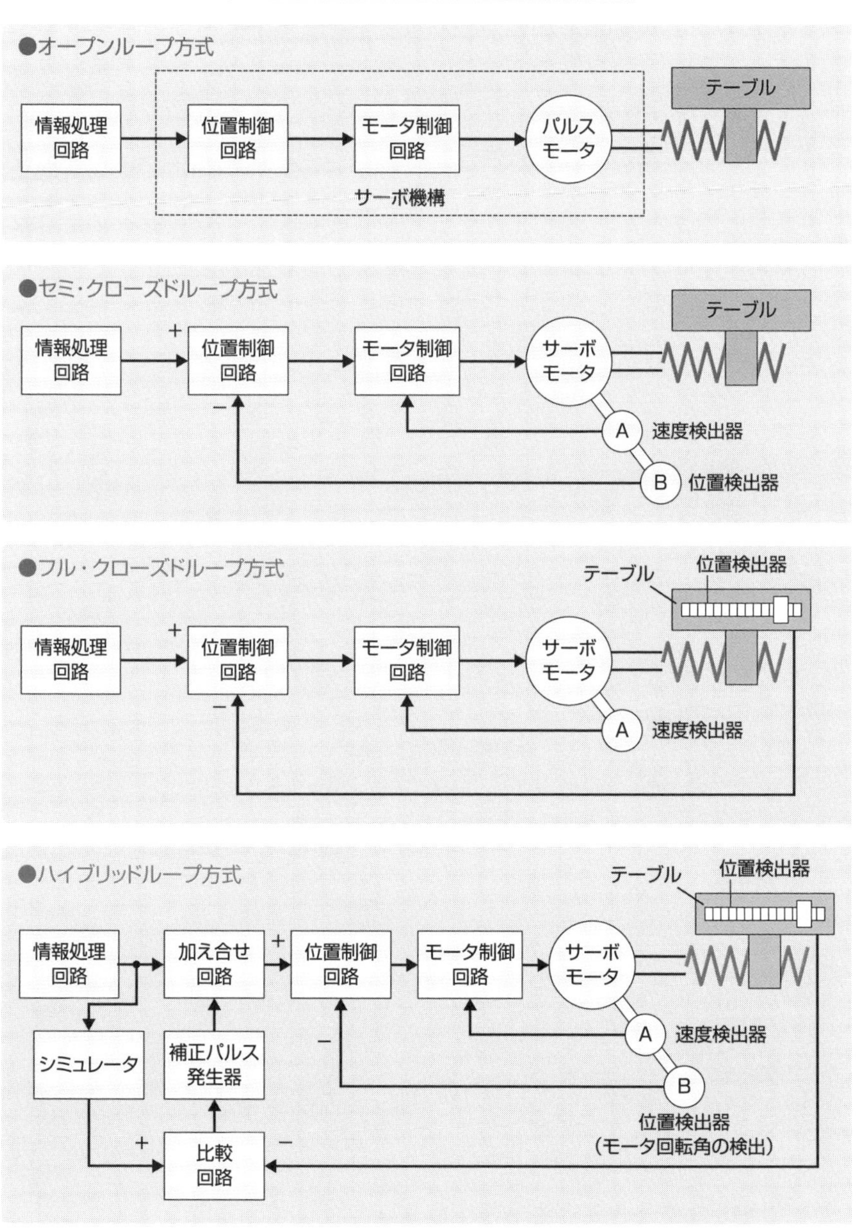

※セミ・クローズドループ方式と、クローズドループ方式を併用したハイブリッドループ方式もある。

29 座標系①

直線軸（右手の法則）

NCプログラムはバイト（切削工具）の刃先の位置を座標で指令するため、NCプログラムを理解するための第一歩は座標系を覚えなくてはいけません。

NC旋盤の座標系は右手の法則に従い、図1に示すように主軸の中心軸に直交し、工作物の円周方向に伸びる軸がX軸、主軸の中心軸に直交し、工作物の上下方向に伸びる軸がY軸、主軸の中心軸方向に伸びる軸がZ軸になります。一般的なNC旋盤ではY軸は装備しておらず、ターニングセンタなどミーリング機能を備えた複合機では、Y軸を装備しているものもあります。

X軸、Y軸、Z軸にはプラス方向とマイナス方向があり、X軸はバイトの刃先が工作物の円周方向に食い込む方向がプラス、刃先が工作物の円周から離れる方向がマイナスです。Y軸はバイトの刃先が工作物の上側に進む方向がプラス、刃先が工作物の下側に進む方向がマイナスです。Z軸はバイトの刃先が主軸から離れる方向がプラス、バイトの刃先が主軸に向かう方向がマイナスになります。X軸、Z軸、いずれもバイトで工作物を削る方向がマイナスになります。X軸、Y軸、Z軸のプラス方向、マイナス方向も右手の法則に従い、指先が向く方がプラス方向、その逆がマイナス方向になります。

工作機械は主軸と工作物を結ぶ軸がZ軸になり、主軸が工作物か離れる方向がプラス方向、食い込む方向がマイナス方向になります。たとえば、立て形のマシニングセンタでは上下軸がZ軸で、主軸が上に向かう方向がプラス、下に向かう方向がマイナスです。仮に、NC旋盤を主軸頭を上、心押し台を下にして地面に立てたとすると、主軸と工作物を結ぶ方向がZ軸、左右がX軸、前後がY軸になります。このように考えるとNC旋盤では主軸の中心軸に直交し、工作物の上下方向に伸びる軸がY軸になることが理解できると思います。

要点BOX
- ●NC旋盤の直線軸は右手の法則に従う
- ●指先が向く方がプラス方向、逆がマイナス方向
- ●例外なく主軸と工作物を結ぶ軸がZ軸になる

図1　NC旋盤の直線軸と右手の法則

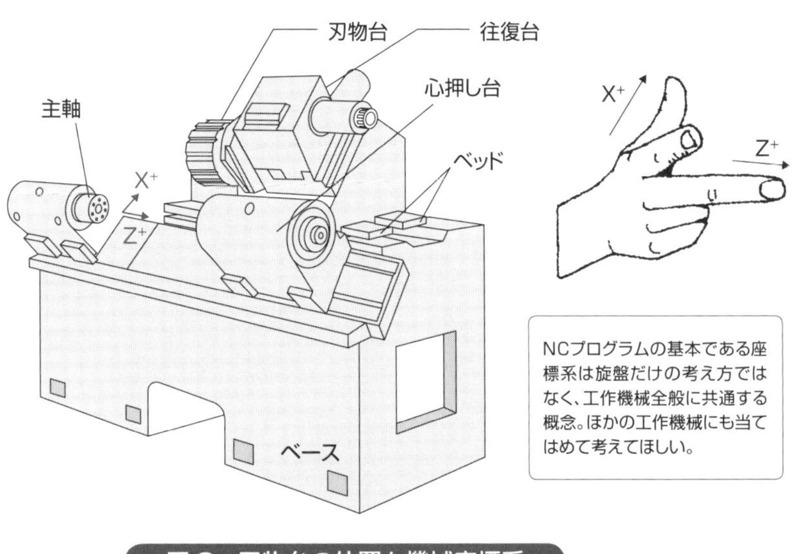

図2　刃物台の位置と機械座標系

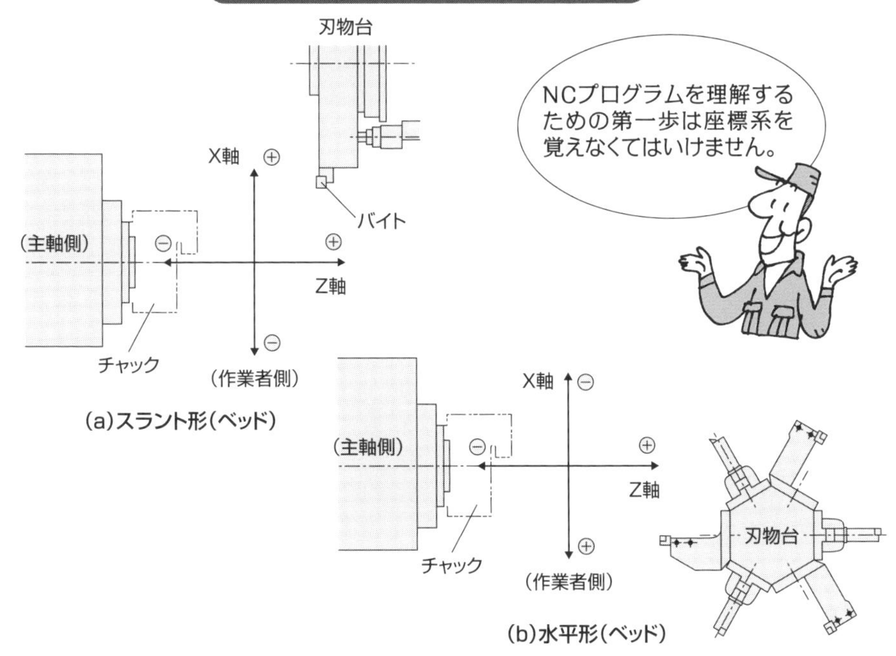

30 座標系②

回転軸(右手の法則)

NC旋盤の直線軸は主軸の中心軸に直交し、工作物の円周方向に伸びる軸がX軸、主軸の中心軸に直交し、工作物の上下方向に伸びる軸がY軸、主軸の中心軸方向に伸びる軸がZ軸です(図1)。ターニングセンタなどの複合加工機は刃物台にミーリング機能を有しているため、直線軸に加えて回転軸を備えています(図2)。X軸を基軸とする回転軸をA軸、Y軸を基軸とする回転軸をB軸、Z軸を基軸とする回転軸をC軸といいます。X軸を基軸に回転するA軸はほとんど実用化されていません。Y軸を基軸に回転するB軸は一般に回転切削工具を装着する主軸の傾斜角として装備され、工作物の外周面に穴をあけたり、エンドミルで溝を加工したりするときに使用します。Z軸を基軸に回転するC軸は主軸の割り出しに使用されます。

図2、3に示すようにZ軸とC軸の2軸を同時制御すると、円筒巻き付け加工が行え、X軸とC軸の2軸を同時制御、またはC軸制御を行うことにより走査線加工や端面加工、キー溝加工を行うことができます。このように直線軸に加えて回転軸を装備することにより、多様な形状をワンチャッキングで加工することができ、加工精度の向上や工程集約などの利点があります。回転軸のプラス方向、マイナス方向は右手の法則に従います。X軸、Y軸、Z軸(直線軸)のプラス方向に親指を向けて、手の平で直線軸を握ったとき、4本の指が巻き込む方向(指先が向く方向)がプラス方向、その逆がマイナス方向になります。

製造メーカや機種によっては第2主軸の直線軸や心押し台の直線軸を、A軸やB軸と呼んでいます。X、Y、Z軸のほかに直線軸をもつ複合加工機ではX軸と同じ方向に動く軸を(第2軸、補助軸として)U軸、Y軸と同じ方向に動く軸をV軸、Z軸と同じ方向に動く軸をW軸と呼んでいるものもあります。

要点BOX
- ●回転軸はA軸、B軸、C軸
- ●2軸を同時制御すると多様な形状を加工できる
- ●回転軸は右手の法則に従う

図1　NC旋盤の直線軸と回転軸

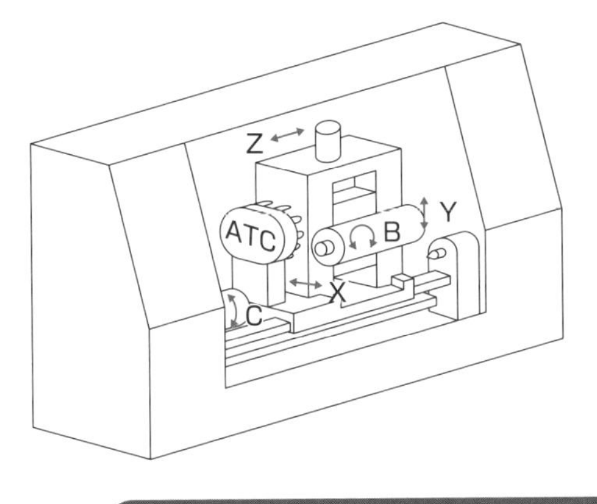

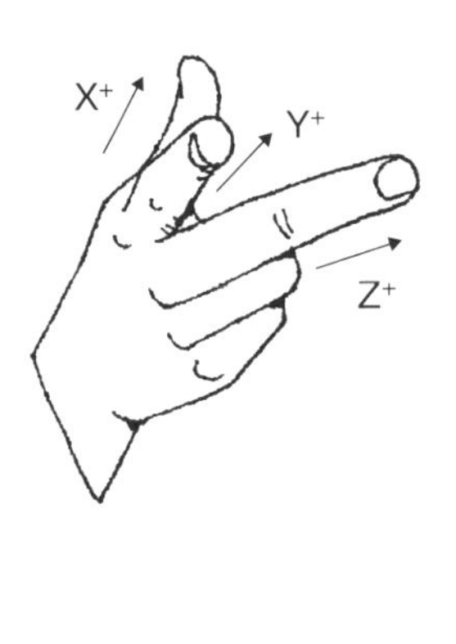

図2　直線軸と回転軸の2軸同時制御による加工の一例

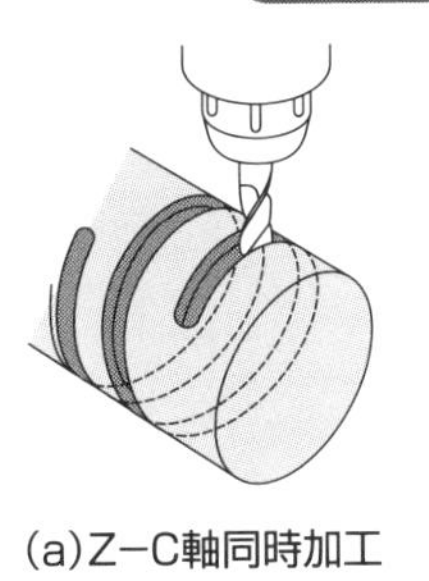

(a)Z−C軸同時加工

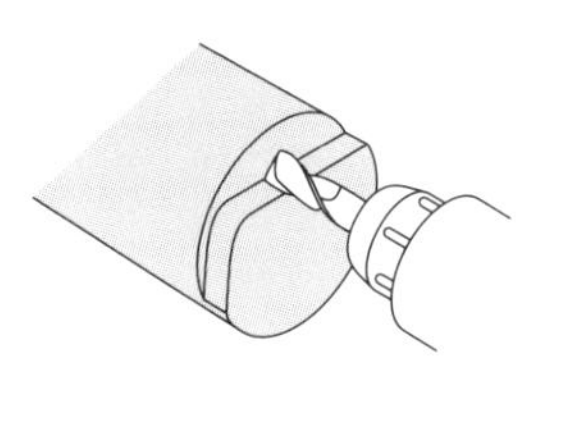

(b)X−C軸同時加工

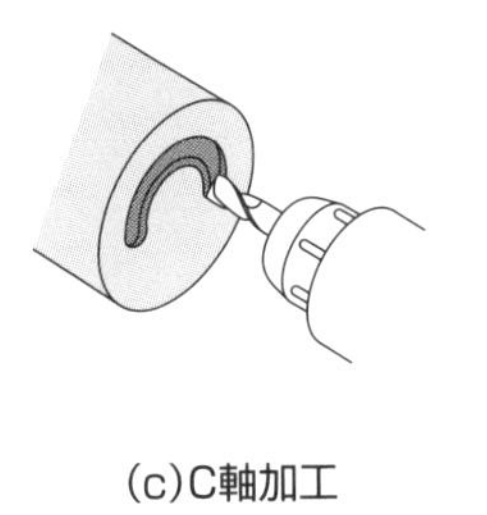

(c)C軸加工

図3　ターニングセンタ(ミーリング機能)の加工の一例

X Z

外径穴加工

X Z

外径溝加工

X Z

外径円加工

Y X

端面穴加工

Y X

端面加工

Y X

端面円加工

31 機械座標、ワーク座標、相対座標

NC旋盤は機械固有の座標系をもっている

ＮＣ旋盤を自動で動かすためにはＮＣプログラムを作成する必要があります。ＮＣプログラムは、切削工具の刃先の位置（刃物台、往復台）を座標系（座標値）で指令しますが、座標値を指示するためには座標系の中心である原点を決めなければいけません。

ＮＣ旋盤は機械固有の座標系をもっています。この座標系を「機械座標系（機械座標という場合もある）」といい、機械座標系の原点を「機械原点」といいます。通常、ＮＣ旋盤の機械原点は各軸のプラス方向のストロークエンドに設定されており、作業者から見ると右上にあります（図2）。機械原点は操作パネルのディスプレイの機械座標値がすべて0になる位置です。ＮＣ旋盤には機械座標系の基準点（リファレンス点）があり、通常、工具交換の位置として使用されています（図3）。G28を指令するとリファレンス点に移動します。

ＮＣプログラム（ツールパス：切削工具の動く経路）は図面の形状に倣って作成しますが、このとき、機械原点を基準に座標値を考えるとわかりにくいため、作業者が都合の良い任意の位置を座標系の原点に設定することができます。この座標系を「ワーク座標系（絶対座標という場合もある）」といい、ワーク座標系の原点を「ワーク原点」といいます。ワーク原点はツールパスの座標値を考えやすい位置に設定し、ＮＣ旋盤では通常、工作物の端面中心（X0、Z0）にします。ワーク原点はＮＣプログラムを作成するための原点なので「プログラム原点、加工原点」ともいわれます（図4）。

機械原点は製造メーカが決めた既定の原点（ゼロ点）、ワーク原点はユーザが都合の良い位置に任意に設定できる原点（ゼロ点）です。

制御装置によっては「相対座標」というものもあり、相対座標は機械座標、ワーク座標に関係なく、独立してユーザが任意で決められる座標系（座標値）です。

要点BOX

- ●機械原点は製造メーカが決めた既定の原点
- ●ワーク原点はプログラム原点
- ●相対座標はユーザが任意で決められる座標系

図1　右手直交座標系

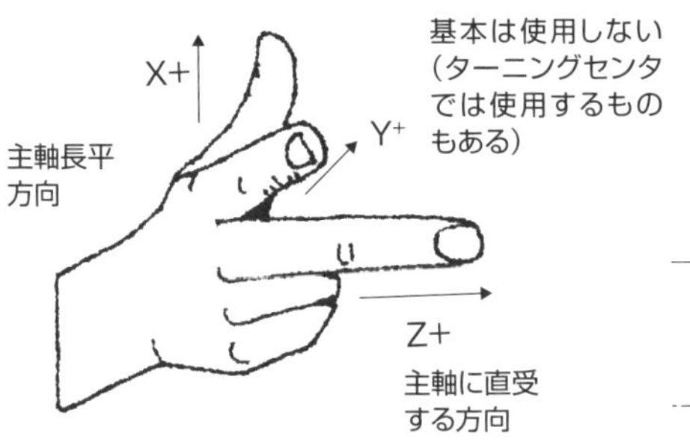

図2　機械基準点

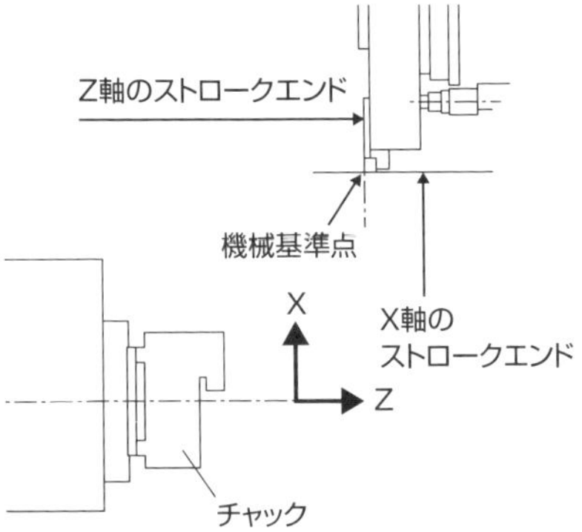

図3　リファレンス点の例

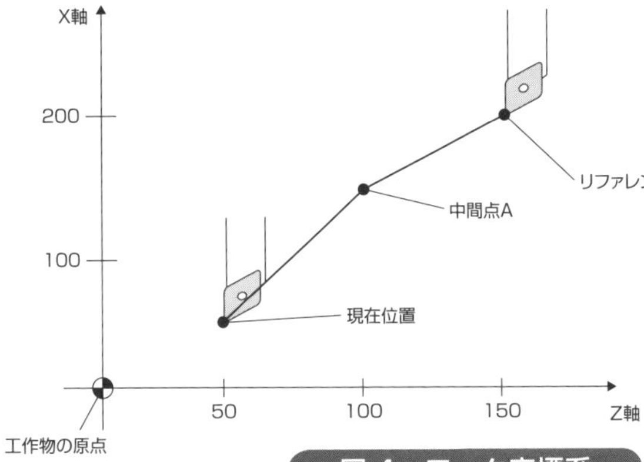

現在の場所を相対座標0にして、移動先での座標を確認すれば、移動距離を確認することができる。

機械座標やワーク座標では任意から任意までの距離は座標から計算しないとわからないが、相対座標では一目瞭然に把握することができる。

図4　ワーク座標系

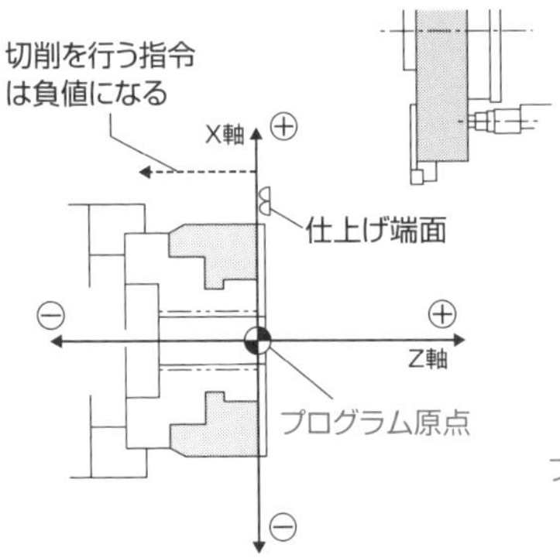

(a)プログラム原点を工作物の端面に設定

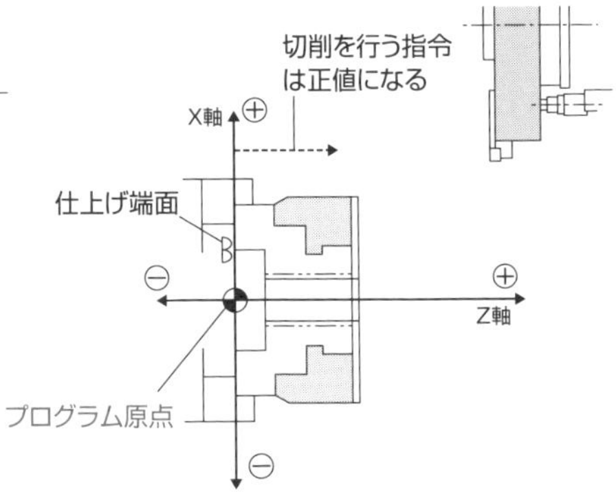

(b)プログラム原点をチャック端面に設定

32 インクレメンタルとアブソリュート

増分値指令と絶対値指令

NCプログラムには①インクレメンタル指令と②アブソリュート指令の2つの方法があります(図1)。

①インクレメンタル指令は現在位置の座標値から移動先の座標値までの移動量を指令する方法で、移動量をプラス値で指令すればプラス方向へ、マイナス値で指令すればマイナス方向へ動きます。このため、インクレメンタル指令は「増分値指令」ともいわれます。

②アブソリュート指令はワーク座標(プログラム原点)をゼロ点として移動先の座標値を指令する方法です。このためアブソリュート指令は「絶対値指令」ともいわれます。

地図を示して、目的地までの道程を教えるのがインクレメンタル指令、目的地の経度と緯度(位置)を教えるのがアブソリュート指令です。たとえばいま、バイトの刃先が「X軸200、Z軸200」の座標に位置するとして、インクレメンタル指令でX-100、Z-100と入力すると、指令された数値は増分値を示すため主軸はX軸100、Z軸100の座標に移動します。一方、アブソリュート指令でX-100、Z-100と入力すると、指令された数値は絶対値を示すため主軸はX軸-100、Z軸-100の座標に移動します。

アブソリュート指令はワーク座標系の原点(プログラム原点)を基点にした絶対座標を指令するので、バイトの刃先の位置が把握しやすいこと、座標値の指令ミスがあった場合、指令ミスの座標値のみ修正すれば良いことが利点です。また、設計変更にともないバイトの運動経路を修正する場合、アブソリュート指令はインクレメンタル指令よりも容易です。インクレメンタル指令では運動経路の修正を行う場合、修正した座標以降の指令値も変更する必要があります。主となるプログラムはアブソリュート指令で行い、必要に応じてインクレメンタル指令を使用するのが一般的な考え方です。

要点BOX
- ●NCプログラムには2つの方法がある
- ●インクレメンタルは増分値指令(G91)
- ●アブソリュートは絶対値指令(G90)

図1　NC旋盤加工のツールパスの例

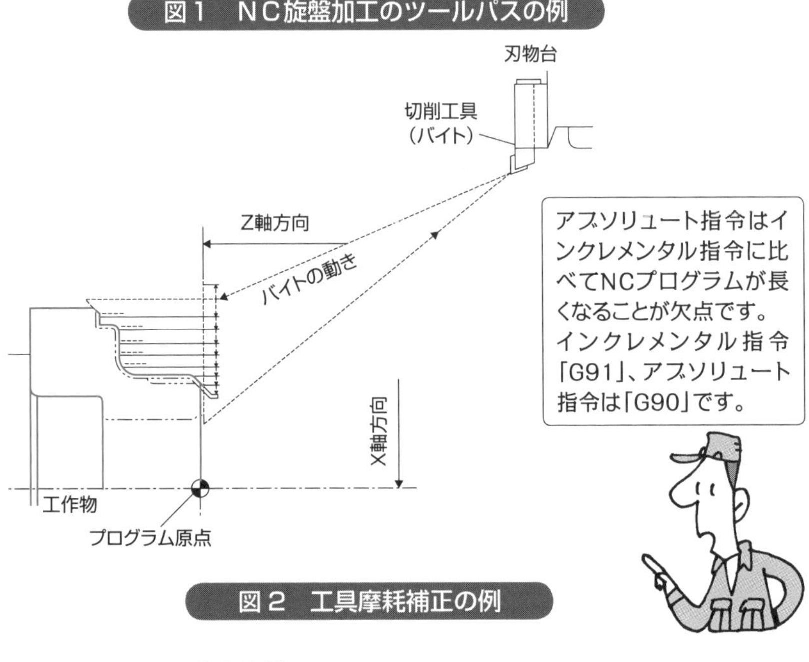

図2　工具摩耗補正の例

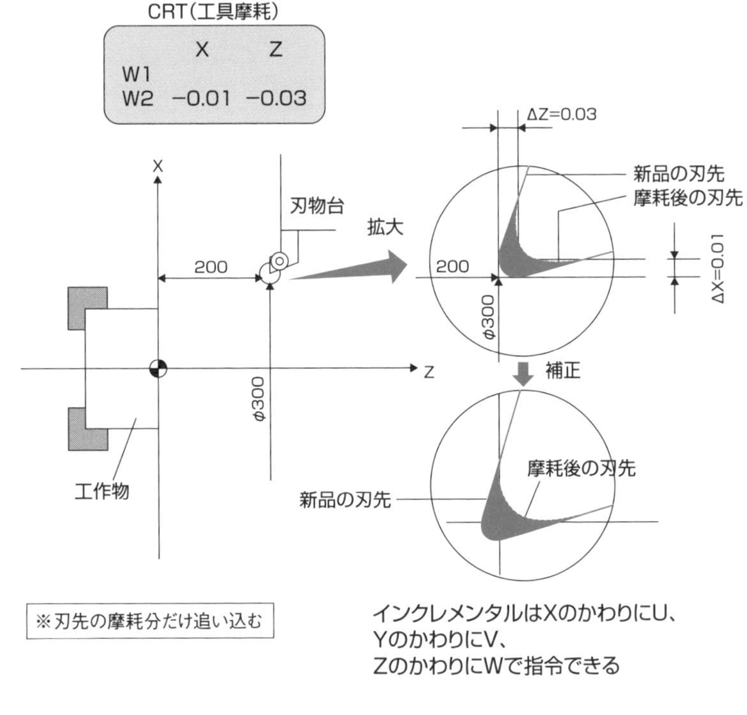

33 NCプログラムの構成

セミコロン「；」で1回の指令が完了

図1に示すように、もっとも基本的なNCプログラムは頭から、Nで始まる「シーケンス番号」、Gで始める「準備機能」、X、Zで始める「ワード」、Fで始まる「送り機能」、Mで始まる「補助機能」、Sで始まる「主軸機能」、Tで始まる「工具機能」の順番で構成されます。1回（1行）の指令を「ブロック」といい、1回の指令が終わるという意味で、行の最後には必ず「EOB（エンド・オブ・ブロック、記号のセミコロン：；）」を付けます。NCプログラムは「Nで始まり、記号のセミコロン：；」で1回の指令が完了します（NCプログラムは1ブロックごとに実行されます）。

シーケンス番号は「N＋通常4桁の数値」で、1回の指令の区切りとして行の頭に付けます。シーケンス番号を付けることによりプログラムが見やすくなり、マクロを使用したときなど、指令を繰り返したいときやジャンプさせたいときなどにも役立ちます。準備機能と補助機能は34項で解説します。

XやZなど座標を示すアルファベットを「アドレス」、座標値を「データ」といい、アドレスとデータをまとめて「ワード」といいます。つまり、NCプログラムはG、M、S、Tなどの機能と、1つまたは複数のワードによって構成されます。

データ（座標値）は小数点入力が必要で、小数点を付けなかった場合には自動的に㎜または㎛（制御装置、パラメータによって最小単位が異なる）と認識されてしまいます。最小指令単位は昔のNC旋盤では0.01㎜でしたが、現在では0・001㎜、超精密NC旋盤では0・0001㎜（0・1㎛）のものが主流です。時代を追うごとにNC装置や構成要素の精度が向上しています。小数点入力が可能なデータには距離のほか速度や時間などがあります。

NC装置には複数のプログラムを保存（メモリ）できるので、1つひとつのプログラムを区別するため、各プログラムに番号を付けます。

要点BOX
- ●NCプログラムは1ブロックごとに実行される
- ●座標値には必ず小数点を入力する
- ●プログラム番号はファイル名

図1　NCプログラム基本構成

```
      N 200   G 01   Z 40.5   F 0.25   ;
      アドレス 数値  アドレス 数値  アドレス 数値  アドレス 数値
      ワード   ワード   ワード   ワード   EOB
      ブロック
プログラム
      N300・・・・・・・・・・・・・・・・・・・;
      ブロック
      N400・・・・・・・・・・・・・・・・・・・;
      ブロック
```

「プログラム番号」は、「アルファベットのO+通常4桁の数値」で表す。プログラム番号はワードやエクセルのファイル名のようなもの。

図2　NCプログラム基本パターン

作業	NC旋盤での作業内容	プログラム
①プログラムの名前	プログラム番号	O□□□□;　(1～9999)
②加工の区分	シーケンス番号	N□□□□□;　(1～99999) ※付けなくてもよい
③工具と工具補正選択	例 G00 T0101 G00は念のため先頭に入れる。	T□□○○;　4桁または6桁 □□:工具番号(2桁) ○○:補正番号(2桁または4桁) ※基本は同じ番号にする
④最高回転数指令	例 G50 S2000	G50 S□□□□;
⑤回転数指令と起動	周速一定制御 (通常の旋削加工)	G96 S□□□ M03; S:切削速度　M03:主軸正転
	周速一定制御キャンセル (回転数指令) (ドリル・ねじ切り)	G97 S□□□□ M03; S:回転数 M03:主軸正転
⑥切削油剤ON		M08;
⑦加工内容 ※早送り	位置決め G00	G00X□□ Z□□; X·Z目的位置の座標
※直線切削	直線補間 G01	G01X□□ Z□□ F□□; X·Z目的位置の座標　F:送り
※円弧切削	円弧補間　時計回り G02 反時計回り G03	G02X□ Z□R□ F□; G03X□ Z□ R□ F□; X·Z:終点座標　R:半径 ※I·Kを用いる場合もある
⑧出発点位置に戻る		G00X□□ Z□□;
(切削油剤OFF)		M09;
(主軸停止)		M05;
⑨工具補正キャンセル	(例)T0100	T□□00;
⑩プログラム停止	停止(続きあり)	M01;またはM00;
	停止(続きなし)	M02;

34 G機能、F機能、M機能、S機能、T機能

NCプログラムはG、F、M、S、Tの組み合せ

NCプログラムは座標値を表すワードとGで始める「準備機能」、Fで始まる「送り機能」、Mで始まる「補助機能」、Sで始まる「主軸機能」、Tで始まる「工具機能」の組み合わせで構成されます（図1）。

図2のG（準備機能）は「加工の準備または実加工に関する情報」を指令します。「G＋2桁の数値」で指示し、たとえばG00は早送りによる位置決め、G01は直線補間（切削送り）です。G機能は一般に「Gコード」といわれます。他のG機能に関しては使用されるNC旋盤の取扱説明書を確認してください。なお、G機能は指令する1つのブロックのみで有効な「ワンショット」なものと、指令が変更またはキャンセルされるまで有効になる「モーダル」なものがあります。

F（送り機能）は「切削工具の送り速度」を指令します。「F＋数値」で指示しますが、G99では「1回転あたりの送り量（mm／rev）」、G98では「1分間あたり送り量（mm／min）」になります。G機能によって指令する数値の意味が異なります。

図3のM（補助機能）は主軸の回転、停止、切削油剤の入切、切削工具の交換など主としてシーケンス制御を指令します。「M＋2桁の数値」で指示し、たとえば、M03は主軸正転、M04は主軸逆転になります。M機能は製造メーカやNC装置の種類によって異なりますので使用されるNC旋盤の取扱説明書を確認してください。

S（主軸機能）は主軸の回転数を指令します。「S＋数値」で指示し、数値は「1分間あたりの回転数（min^{-1}）」になります。

T（工具機能）は切削工具の割り出しと工具補正を指令します。「T＋4桁または6桁の数値」で指示し、たとえば、T0101では前半の01が工具番号、後半の01が工具の補正番号になります。工具番号は工具を取り付けた刃物台の番号、工具補正番号は工具番号に対応させると把握しやすくなります。

要点BOX

- ●G、F、M、S、Tにはそれぞれ意味がある
- ●G機能にはワンショットとモーダルがある
- ●細かい機能はメーカやNC装置によって異なる

図1　NCプログラム（アドレス）

アドレス	機能	備考
O	プログラム番号	プログラム番号の指定(1−9999)
N	シーケンス番号	ブロックの頭に入れる(1−99999)
G	準備機能	
X	直径指令	アブソリュート方式
Z	長手指令	アブソリュート方式
U	直径指令	インクレメンタル方式
W	長手指令	インクレメンタル方式
R		円弧半径の指定
I		円弧始点から円弧中心のX方向距離の指定
K		円弧始点から円弧中心のZ方向距離の指定
F	送り機能	送りの指定
S	主軸機能	主軸回転数または切削速度の指定
T	工具機能	工具番号および補正番号の指定
M	補助機能	

工具補正はバイト(切削工具)の種類や形状によって生じる移動量の誤差を補正する機能。工具補正には工具の形状補正、刃先の摩耗補正、刃先R補正がある。

図2　NCプログラム（準備機能）

コード	機能
G00	位置決め(早送り)
G01	直線補間(切削送り)
G02	円弧補間(時計回り)
G03	円弧補間(反時計回り)
G28	リファレンス点への自動復帰
G40	刃先R補正キャンセル
G41	刃先R補正左側
G42	刃先R補正右側
G50	主軸最高回転数設定 (座標系設定)
G96	周速一定制御
G97	周速一定制御キャンセル

Gコードにはグループがあり、異なるグループであれば、同じブロック内で指令できる。

図3　NCプログラム（補助機能）

コード	機能
M00	一時的にプログラム停止
M01	条件付プログラム停止
M02	メインプログラム終了
M03	主軸正転
M04	主軸逆転
M05	主軸停止
M08	切削油剤·ON
M09	切削油剤·OFF
M41 ～ M44	ギアレンジ

35 切削速度と周速度

旋盤加工では常に切削速度（周速度）に留意する

機械加工を上手に行うためには、切削工具の刃先が工作物を削り取る瞬間の速さ「切削速度」が大切です。切削工具の刃先が工作物を削り取る瞬間の速さは外径加工では工作物の外周の速さ、内径加工では工作物の内周の速さになります。つまり「周速度」です。機械加工では切削点を基準に考えるので「切削速度」といいますが、一般的には回転体の外周（内周）の速さを「周速度」といいます。両者は同じです。

切削速度（周速度）が遅すぎたり、速すぎたりすると理想的に工作物を削り取ることができません。適正な切削速度は基本的には切削工具のチップの材質と工作物の材質の組み合わせによって決まり、切削工具メーカが標準的な切削速度を公表しています。機械加工を行うときは常に切削速度に留意することが大切です。切削速度と主軸回転数の関係は式①で表されます。πは円周率3・14、分母の1000は切削速度の単位がm／minで、工作物の直径の単位が㎜ですので、左辺と右辺の長さの単位を合わせるために1000で割っています。式からわかるように、主軸回転数N（min^{-1}）が一定の場合、工作物の直径D（㎜）が小さくなると、切削速度V（m／min）も小さくなってしまいます。つまり、主軸回転数N（min^{-1}）が一定の場合、加工する工作物の直径が小さくなる（切削点が工作物の中心に近づく）ほど適正な切削速度を維持できなくなるため、工作物を理想的に削れなくなってしまいます。

工作物を理想的に削るためには、切削速度V（周速度）を適正な値に維持することが必要で、そのためには加工点（工作物）の直径に合わせて、主軸回転数を変速しなければいけません。具体的には、加工点の直径が小さくなるほど主軸回転数を高くし、加工点の直径が大きくなるほど主軸回転数を低くします。

切削速度が適正でないと工具寿命が短くなり、とくに切削速度が遅いと仕上げ面粗さが低下します。

要点BOX
- ●切削速度は周速度
- ●機械加工では切削速度が重要
- ●工作物の直径に合わせて回転数を変速する

図1　旋盤加工の3条件（切削条件）

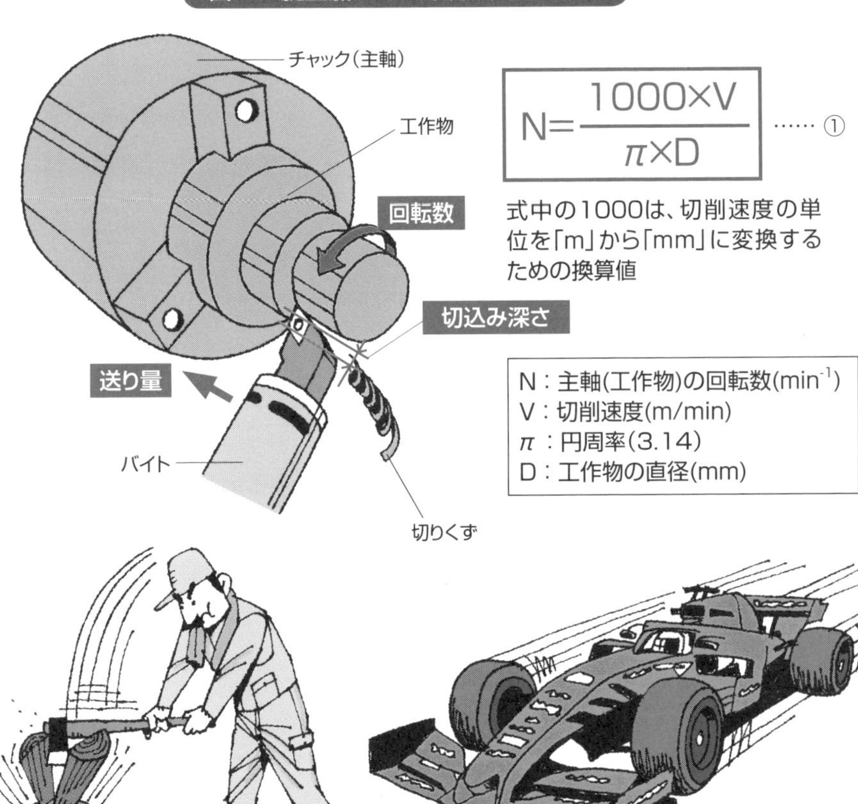

$$N=\frac{1000\times V}{\pi\times D} \quad \cdots\cdots ①$$

式中の1000は、切削速度の単位を「m」から「mm」に変換するための換算値

N：主軸(工作物)の回転数(min^{-1})
V：切削速度(m/min)
π：円周率(3.14)
D：工作物の直径(mm)

切削加工では、刃物が工作物を削る瞬間の速さ（切削速度）が大切。切削速度が速いほど切れ味が良い。

速さ（速度）は距離を時間で割った指標。300Km／hは1時間に300Km走ること!! 切削速度（m／min）は1分間に排出される切りくずの長さである。

切削速度は刃先（切削工具）が工作物を削る時間の速さであり、加工能率（1分間に削る切りくずの長さ）の指標でもある!!）

36 周速一定制御と最高主軸回転数

常に工作物の周速度を一定に保つ

35項で切削工具を使って工作物を理想的に削り取るためには、切削速度V（周速度）を適正に維持することが必要であることを説明しました。NC旋盤には「周速一定制御」という機能が備わっています。周速一定制御は、工作物の直径が変化しても常に工作物の周速度を一定に保つように、工作物の直径に応じて主軸回転数を自動的に変速する機能です（図1）。

突っ切り加工や端面切削、多数の段差を加工する際など切削点（切削工具の刃先と工作物が接触する点）が連続して直径方向（X方向）に変化する場合、周速一定制御を設定することにより、加工点の直径に合わせて主軸回転数が変速し、常に適正な切削速度に保つことができます。切削速度を適正に保つことにより仕上げ面粗さの向上、加工時間の短縮、工具寿命の延長などの効果が得られます。

ただし、周速一定制御の場合、切削点が工作物の中心に近づくほど主軸回転数が高くなり、工作物の中心（X０）では回転数が無限大になります。きわめて危険です。このため、周速一定制御（G96）を指令する際は同じブロックでG50を入力し、主軸最高回転数の制限値を指令します（図3）。主軸最高回転数を入力すると、その値以上に主軸回転数が高くならず安全です。通常、主軸最高回転数は取扱説明書に記載されている最高回転数を入力します。周速一定制御を使用した際は使用後G97（主軸回転数一定制御）を入力し、必ずキャンセルします。周速一定制御のキャンセルを忘れ、遠心力でチャックの爪が開き、工作物が吹っ飛ぶ事故やケガの例が報告されてます。

加工点の直径が変化する際、G96を指令し、理想的には周速一定制御にするのが良いのですが、加工時と非加工時（工具リターン時）で主軸回転数が変速すると時間的なロスが大きくなるためG97で加工した方が良い場合もあります（図2）。G96とG97は適材適所で使い分けることが大切です。

要点BOX
- 周速一定制御は切削速度を維持する機能
- 周速一定制御と主軸最高回転数はセットで入力
- 周速一定制御と回転数一定制御は使い分ける

図1　切削点によって切削速度が異なる

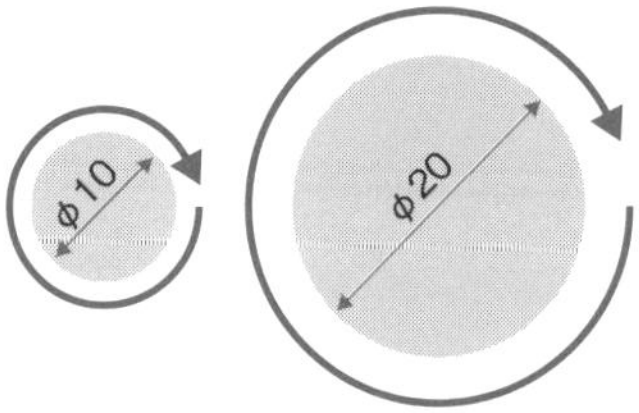

φ10　φ20

外径が異なると周速が違う

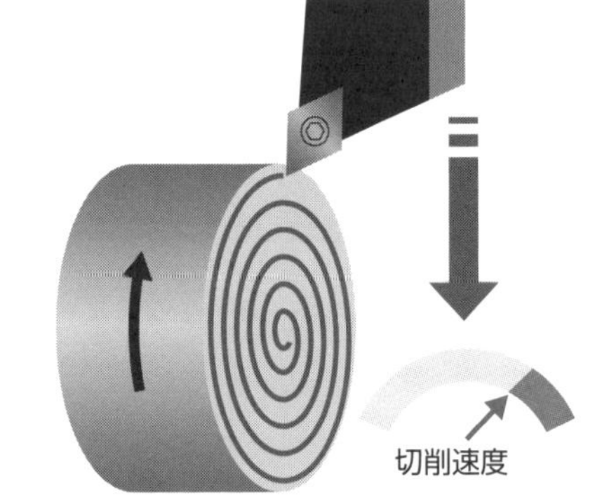

端面切削では切削する箇所によって周速が異なる

図2　回転数直接指令

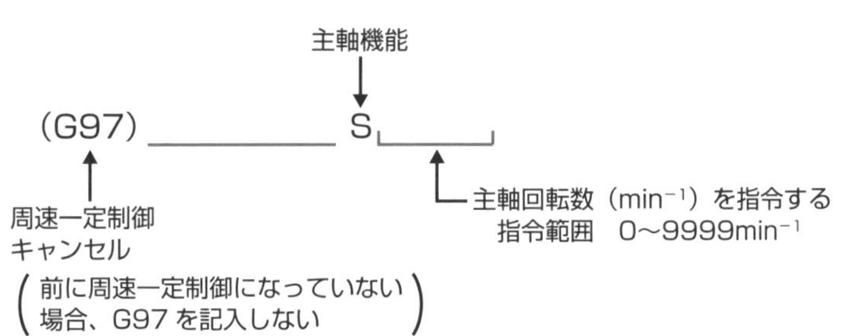

図3　周速一定制御

主軸機能

G96 ______ S ______

周速一定制御を記入

周速、つまり切削速度（m/min）を指令する。
指令範囲　0〜9999m/min

周速一定制御とは、工作物の直径が変化しても常に工作物の周速度を一定に保つように、工作物直径変化に応じて、主軸回転数を自動的に変速する機能をいう。G50の指令で主軸最高回転数の制限値を設定することができる。

周速一定制御は主軸がサーボモータやインバータを使用するようになり、円滑に実現できるようになった。

・主軸機能（S機能）

アドレスSに続く数値で主軸の回転数を指令する。

例　G97　S1000 ;　主軸の回転数=1000min^{-1}
　　G96　S100　;　切削速度=100m/min
　　G50　S2000 ;　主軸の最高回転数=2000min^{-1}

37 刃先R補正機能

削り残しと削り過ぎを防止する

旋盤加工で使用するバイト（切削工具）の先端は鋭く尖っているのではなく、通常0・2〜1・2㎜程度を半径とする小さな丸みがほどこされています。この丸みを「コーナまたはノーズ」といい、丸みの大きさを「コーナ半径またはノーズ半径」といいます。

NCプログラムはバイトの刃先は尖っていると仮定して作成します。つまり、図に示すようにNCプログラムで指示する刃先には実際は刃がありません。

NCプログラムを作成する際の刃先を「仮想刃先」といいます（図1）。仮想刃先はNCプログラムを作成する上では便利ですが、仮想刃先を想定したNCプログラムではX軸やZ軸に平行や直角な加工を行う際は問題ありませんが、テーパや円弧など図3に示すような形状を加工する際、削り残しや削り過ぎが発生することになります。工作物の中心から離れる方向のパスでは削り残し、工作物の中心に向かう方向のパスでは取りすぎが生じます。また、工作物の中心を加工する際にも、実際の刃先が中心まで届かないため削り残し（へそ）が生じてしまいます。このような問題を生じないようにするためにNC装置には「刃先R補正機能」が付いています（図4）。

刃先R補正機能のGコードはG40、G41、G42の3つがあり、G40は刃先補正機能の解除、G41はプログラムの進行方向に対して工作物の左側に補正し、G42はプログラムの進行方向に対して工作物の右側に補正します。また、刃先R補正を指令する際には工具補正量の設定画面で、補正量と仮想刃先の位置をあらかじめ入力しておく必要があります。補正量はコーナ半径値を入力、仮想刃先番号はバイトの刃先形状によって変わります。通常、仮想刃先の位置は外径切削バイトは3番、内径切削バイトは2番になります。テーパ加工（または面取り）における刃先R補正機能の原理（座標位置の補正量）は図2の通りです。

要点BOX

- NCプログラムを作成する際の刃先が仮想刃先
- 仮想刃先と実際の刃先の差を補正する
- 補正量と仮想刃先番号はNC装置に直接入力

図1　仮想刃先

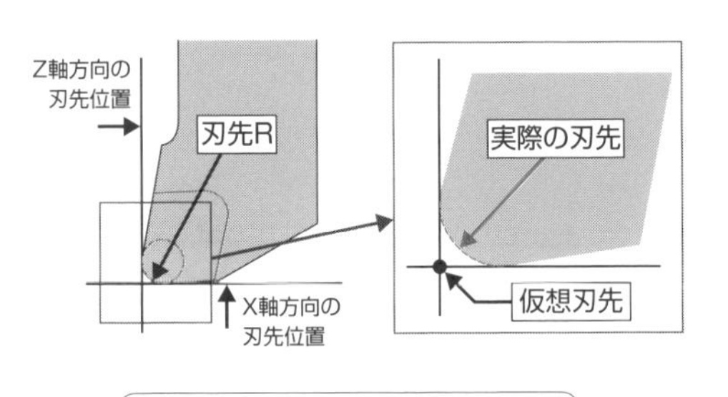

チップの先端は丸い。
実際の刃先とプログラムの刃先は違う。

図2　テーパ加工における刃先R補正

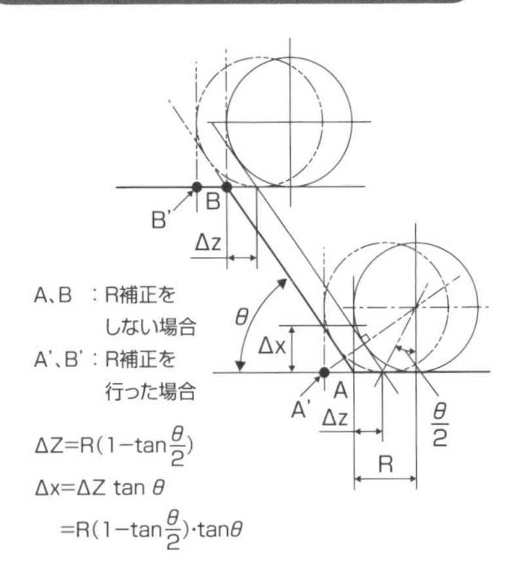

図3　刃先Rによる削り残しと削り過ぎ

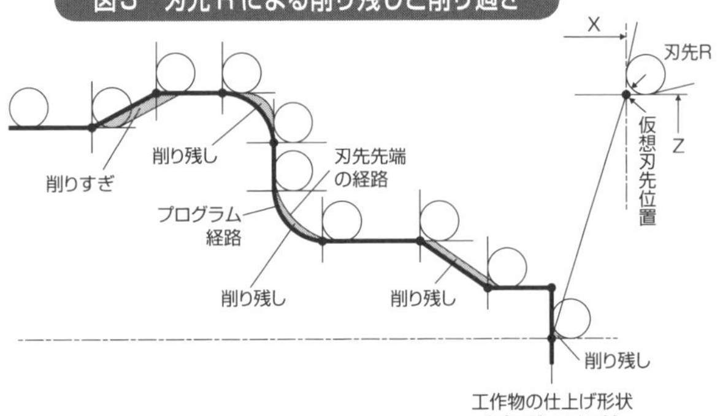

図4　刃先R補正

●G40（刃先R補正キャンセル）
刃先R補正を解除し、プログラム経路上に刃先位置を戻す。

●G41（刃先R補正）（左）
プログラム経路上の進行方向に対し、工作物の左側に補正を行う。

●G42（刃先R補正）（右）
プログラム経路上の進行方向に対し、工作物の右側に補正を行う。

マシニングセンタにも「工具径補正機能」があり、進行方向に対してエンドミルの半径だけ中心を逃がすが、NC旋盤の「刃先R補正機能」は仮想刃先と実際の刃先の差を加工面側に追い込む制御と覚えておくと良い。

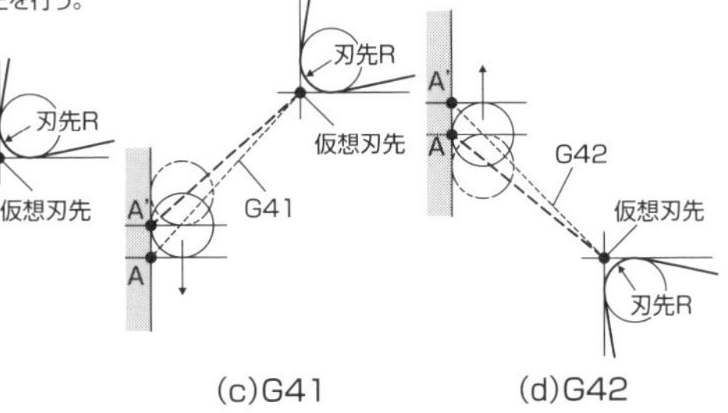

38 操作盤の各部の名称と機能

NC旋盤を動かす4種類のモード

NC旋盤の操作には、操作盤（図1）の各部の機能を理解しなければいけません。NC旋盤を動かすモードは①編集モード、②メモリ運転モード、③MDI運転モード、④手動運転モードの4種類です。

①編集モードはNCプログラムの編集や記録を行うモードです。②メモリ運転モードはメモリに記録されているNCプログラムを呼び出し、実行させるモードです。③MDIはManual Data Inputの略で、キー入力によってNCプログラムを入力し、1行ごとに実行させるモードです。④手動運転モードは手動で運転するためのモードです。バイトを取り付ける際など段取りで使用します（図2）。

このほかにも操作盤にはいろいろな機能があり、「早送りオーバライド」はNCプログラムで設定した送り速度「G00の速度」よりも遅くできる機能です。「送りオーバライド」は、NCプログラムで設定した送り速度「直線補間、円弧補間」よりも速くしたり、遅くしたりできる機能です。通常0～200％に設定できます。

「シングルブロック」はNCプログラムを1ブロックごとに実行させる機能です（図3）。「マシンロック」は、機械を動かさないままNCプログラムだけを動かす機能で、NCプログラムの指令チェックに使用します。「ドライラン」はNCプログラムで指令している送り速度を無視し、パラメータで設定した送り速度（通常、早送りの速度）で動かす機能です。実際の動きを確認する際に使用しますが、機能を有効にしたまま加工すると危険です。

「オプショナルストップ」はNCプログラムの「M01」のある場所で停止させる機能です。「ブロックスキップ」はNCプログラムで「/（スラッシュ）」が入力されているブロックを飛ばして、次のブロックを実行させる機能です。「チャッククランプ方向切替スイッチ」はチャックのクランプ方向を切り替えます。

要点BOX
- ●運転モードは4種類ある
- ●MDIはManual Data Inputの略称
- ●オーバライドは送り速度を調整する機能

図1　操作盤の一例

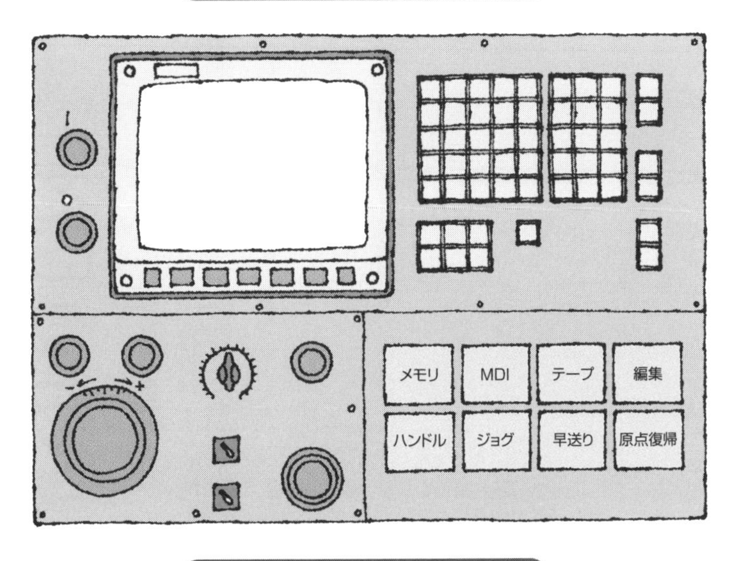

図2　運転モードの一例

- ●メモリ …メモリに登録されているNCプログラムを呼び出し、自動運転を行うモード。
- ●MDI … NC操作盤から入力したプログラムを1回だけ実行できるモード。
- ●テープ …外部入力機器を使ってプログラムを転送しながら運転するモード。
- ●ハンドル …手動パルスハンドルを回して操作するモード。

図3　NC 機能の一例

シングルブロック	オプショナルストップ	ブロックデリート（ブロックスキップ）	ドライラン	マシンロック

- ●シングルブロック … プログラムを1ブロックずつ実行させる機能。
- ●オプショナルストップ … プログラム中の「M01」で機械が一時停止する機能。
- ●ブロックデリート … プログラム中の「／」。「／」からそのブロックの終了までを無視する機能。
- ●ドライラン… プログラム中で指令された送り速度が無視され、手動送り選択スイッチで設定された速度で軸移動が行われる機能。
- ●マシンロック … すべての軸移動がロックされて動かなくなる機能。

油圧チャックの爪の開閉は床に設置する「フットスイッチ」で行う。
心押し軸の出し入れをフットスイッチで行う機種もある。

39 対話形自動プログラミング機能

NCプログラムを知らなくても加工できる

現在の多くのNC旋盤には「対話形自動プログラミング機能」が装備されており、操作パネルの指示に従い、図面の寸法や使用する切削工具チップの材質、工作物の材質を入力すると自動でツールパス（工具経路）を作成し、3Dシミュレーションで確認できるようになっています。また、切込み深さ、送り量、切削速度などの切削条件も自動で設定してくれます。つまり、対話形自動プログラミング機能を使用すれば、NCプログラムを知らなくてもある程度の加工はできるということです。NC旋盤の操作を対話形から覚えた人はNCプログラムをほとんど知らないという人も多いと思います。操作パネルの指示に従って情報を入力するため「対話形」と呼びます。

近年は操作ディスプレイがスマートフォンのようにタッチパネルになっており、グラフィック機能も向上しています。また、NC装置に内蔵するコンピュータの性能が向上しているため、対話形自動プログラミングの機能は一層進化しています。さらに今後はAIが導入が確実視されているので、対話形自動プログラミング機能の性能が一層向上することは間違いないでしょう。

対話形自動プログラミング機能は、日本でNC工作機械の実用および製造が本格化した1980年頃、NCオペレータが不足したことによりNCプログラムを使わず簡単にNC加工ができる機能が望まれたのが開発のきっかけでした。1980年頃のNC装置は孔をあけた穿孔テープを読み取っていました。そのため、加工情報を穿孔テープの孔に置き換え、加工情報の入った穿孔テープをつくるNCオペレータが不可欠な存在でした。高度なNCオペレータは孔の位置を見ただけで、加工情報を読み取れたそうです。

対話形自動プログラミング機能は単品加工や少量生産を行う中小企業では作業性が高く便利です。

要点BOX
- ●対話形自動プログラミング機能は便利
- ●NCプログラムを知らなくても操作できる
- ●対話形自動プログラミングとCAMの使い分け

図1　対話形自動プログラミング機能を使ったツールパスの一例

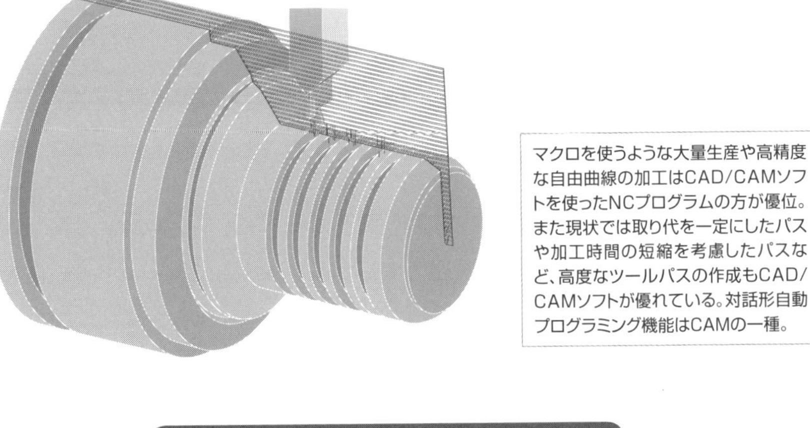
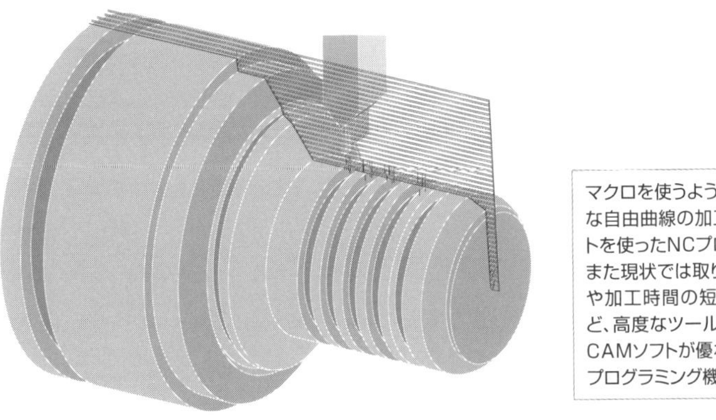

マクロを使うような大量生産や高精度な自由曲線の加工はCAD/CAMソフトを使ったNCプログラムの方が優位。また現状では取り代を一定にしたパスや加工時間の短縮を考慮したパスなど、高度なツールパスの作成もCAD/CAMソフトが優れている。対話形自動プログラミング機能はCAMの一種。

図2　対話形の操作パネルのイメージ

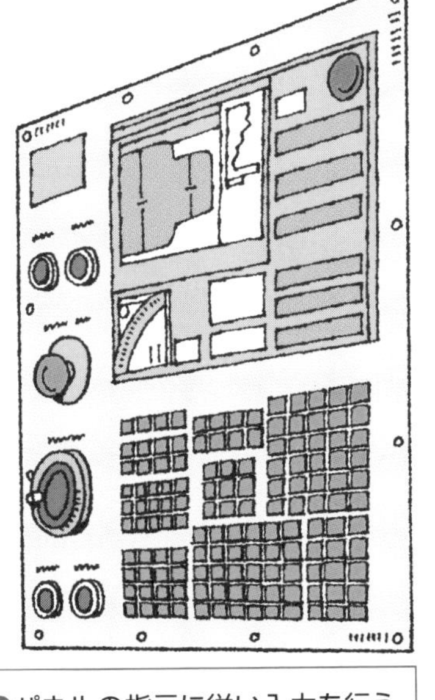

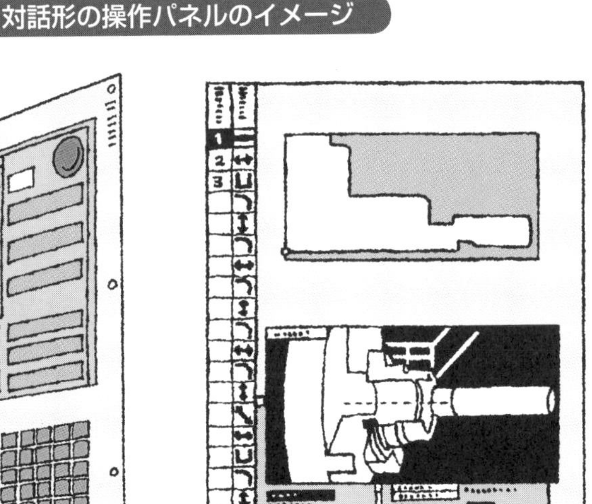
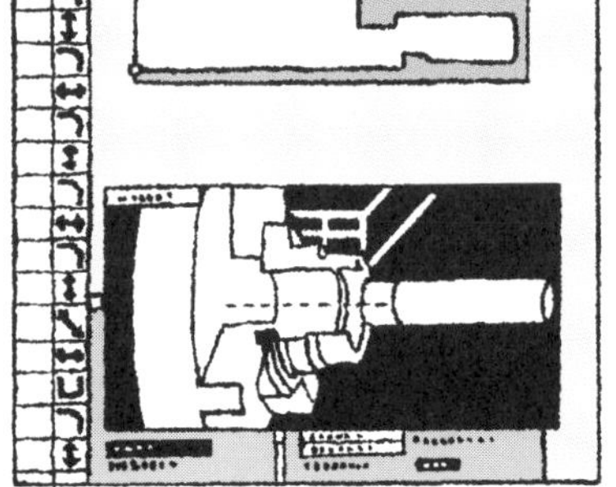

ツールパス（工具経路）

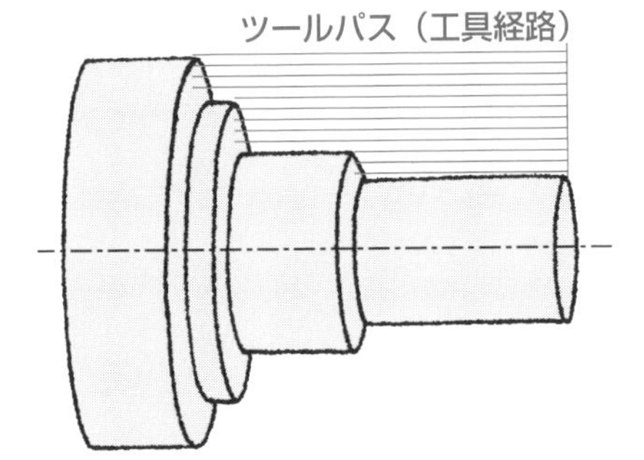

- パネルの指示に従い入力を行うと自動でNCプログラムを作成してくれる。
- バイトの運動経路が描画で確認できる

40 CAD/CAMとポストプロセッサ

CAD/CAMは3DモデルからNCプログラムの作成まで一貫して行える

CADはComputer Aided Designの頭文字の略称で、直訳すると「コンピュータ支援設計」になります。CADは設計やモデリングを支援してくれるソフトです。

CAMはComputer Aided Manufacturingの頭文字の略称で、直訳すると「コンピュータ支援製造」になります。CAMは3DCADのモデルデータに基づきツールパス(工具経路)を作成し、NCプログラムを出力するソフトです。

CAD/CAMは3DCADによるモデルの作成から加工条件の入力、ツールパスの作成、切削シミュレーション、NCプログラムの作成までを一貫して行えるソフト(ツール)です。CAMと対話形自動プログラムはほぼ同じ働きをしますが、CAMは対話形自動プログラムよりもツールパスを作成する機能が優れています。とくに多軸化したターニングセンタによる加工では複雑な動きによる干渉チェックができ、工作物剛性を考慮したツールパス、切削抵抗を一定にするツールパス、加工時間が最短になるツールパスなどを自動で出力することができます。

CAMで作成したツールパスをNCプログラムに変換するのはCAMに内蔵されている「ポストプロセッサ」という機能です。ポストプロセッサはCAMで作成したツールパスをNC制御装置に適合したNCプログラムへ変換するものです。NC制御装置(NC工作機械の脳に相当する箇所)は製造メーカによって異なるため、NC制御装置によってG機能やM機能が若干違います。ポストプロセッサによってNC制御装置に適合したNCプログラムを作成することができますCAD/CAMが進化したことにより、信頼性が高い切削シミュレーションできるため、実加工で失敗する確率が減っています。また、加工作業は主としてバイトの取り付け(工具セッティング)と工作物の脱着の段取りのみになりつつあります。

要点BOX
- ●ツールパスをNCプログラムに変換するのはポストプロセッサ
- ●NC制御装置によってG機能やM機能が違う

図1　CAD / CAMを使用したNC旋盤加工の一例

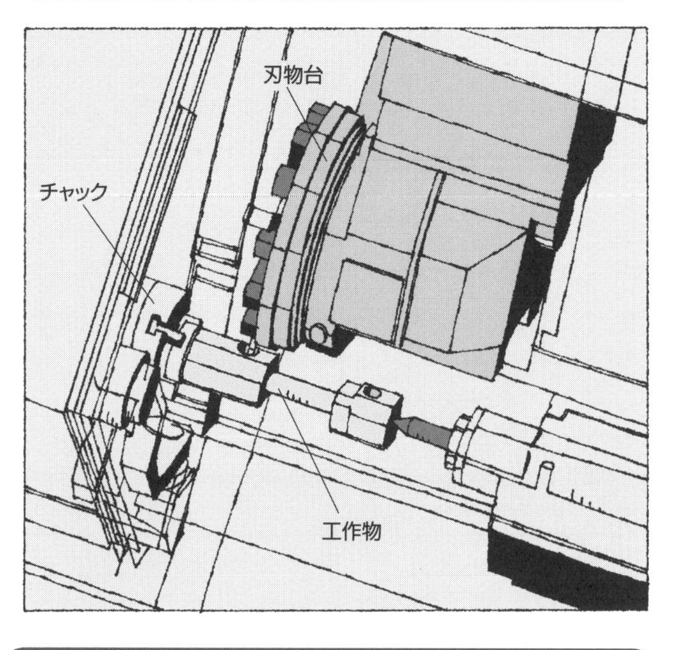

図2　CAD / CAMを使用した複合加工の作成の一例

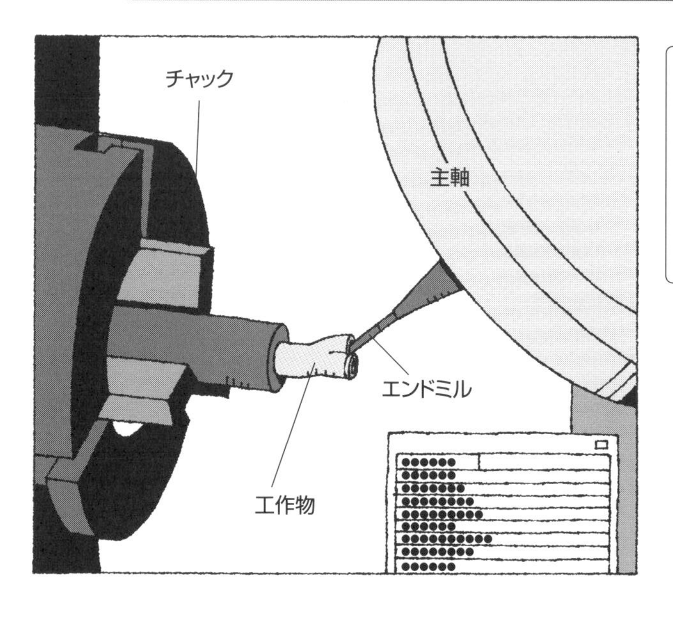

工作機械にAIが搭載され、ロボットによる段取りが行えるようになれば、人が製造現場からいなくなる時代が来るかもしれません。

Column

最新の技術動向③ バブルによる切削油剤の供給

クーラント（切削油剤、研削油剤）は、加工時の潤滑や冷却、切りくずの運搬を主な役割として、加工品位の向上や工具寿命の延命に不可欠です。近年では工作機械の装備としてクーラントの供給装置が注目されています。

①高圧クーラントは高圧ポンプによって7～30MPaに加圧した切削油剤を切削工具の刃先近傍から切削点に向かって噴射、供給する方法です。チタン合金やインコネル（耐熱合金）など切削点が高温で工具寿命の制約から切削速度を上げることができず、加工能率が低い材質の加工に使用されています。また、切りくずを分断する効果もあり、量産工程の自動化や無人化にも役立ちます。なお、クーラントがどの程度刃先近傍に供給されているかは工具逃げ面の焦げ跡で確認できます。

②マイクロ・ナノバブルはクーラントタンクやノズルにバブル発生機構を取り付け、クーラントを微細な泡状にして供給する方法で、一般に1μm以上の泡をマイクロバブル、1μm以下の泡をナノバブルと呼んでいます。材料の除去機構に対するバブルの具体的な効果は不明確な部分が多いですが、切削抵抗の低減や工具寿命の延命、研削砥石では目づまりの抑制など実用的効果は立証されています。また、クーラントの消臭効果や飛沫を抑えられことによる作業環境改善など二次的作用も確認されています。

その他、動くノズルやMQL、アルカリイオン水、カーボンの微粒子を添加する方法などクーラント技術は日進月歩で進化しています。

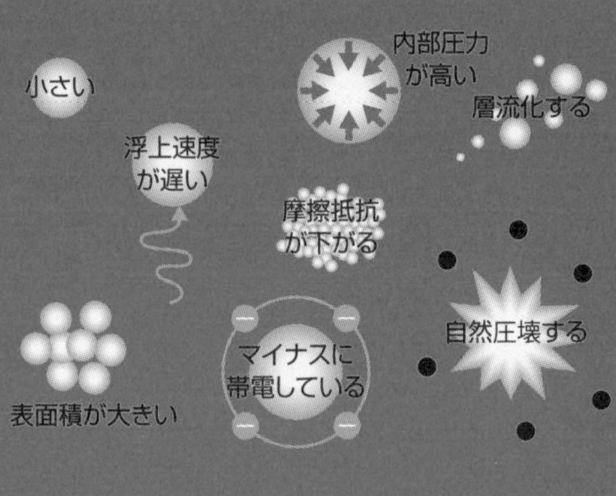

小さい
内部圧力が高い
層流化する
浮上速度が遅い
摩擦抵抗が下がる
表面積が大きい
マイナスに帯電している
自然圧壊する

NC旋盤の段取り

41 チャッキング装置の種類と仕組み①

チャッキング装置は工作物を保持する治具

チャッキング装置は工作物を保持する治具で、主として①チャック、②コレットの2種類があります。

①チャックは爪の数が2本、3本、4本などがあり、NC旋盤では3本(3爪チャック)が多用されます。チャックの大きさは外径をインチで表します。たとえば6インチのチャックは外径が約150㎜になります。1インチは25・4㎜です。

図1に油圧チャックの内部構造を示します。チャックの構造は主として、チャックボデー、ウエッジプランジャ、マスタジョーの3つに大別できます。ウェッジプランジャとマスタジョーはチャックボデーの軸中心に対して傾いたT溝と突起で結合されています。

ウェッジプランジャが後方へ引かれると、マスタジョーは中心に向って移動するためトップジョーが工作物の外周を把握します。一方、ウェッジプランジャが前方へ押されると、マスタジョーは外周に向かって動くためトップジョーは工作物の内径を把握します。

図3に油圧チャッキング装置の仕組みを示します。油圧チャッキング装置はロータリバルブ付きの油圧シリンダとチャックボデーをドローチューブで連結した構造になっています。主軸後端に位置する油圧シリンダの往復運動をドローチューブを介することによって爪の開閉を行います。ピストンが後退すると、チャックボデー内のくさび部が後退して爪が閉まります。爪の把握力は油圧で調整します。爪の開閉(油圧のオン・オフ)はNC装置の指令で行う場合と足踏みスイッチで行う場合があります。

チャックには①最大静的把握力と②動的把握力があります。①最大静的把握力は初期把握力といわれる場合もあり、チャックが停止している時の把握力です。②動的把握力は有効把握力といわれる場合もあり、チャックが回転している時の把握力です。

要点BOX
- チャックの大きさは外径をインチで表す
- チャックの把握力は遠心力の影響を受ける
- チャックは最高使用回転速度が決められている

図1　油圧チャックの構造

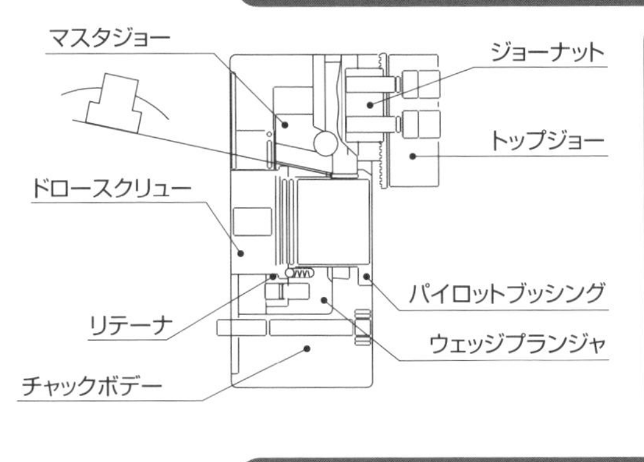

工作物の外周を把握しているとき（爪の把握力が工作物の外周から中心に向かっているとき）は回転数が高くなるほど把握力は小さくなり、工作物の内周を把握しているとき（爪の把握力が工作物の中心から外周に向かっているとき）は回転数が高くなるほど把握力は大きくなる。遠心力の影響です。切削抵抗が動的把握力よりも大きくならないよう切削抵抗を調整することが大切である。チャックは最高使用回転速度が定められており、回転時の把握力が最大静的把握力の1/3以下にならない回転数と規定されている。

図2　マスタジョーとトップジョー

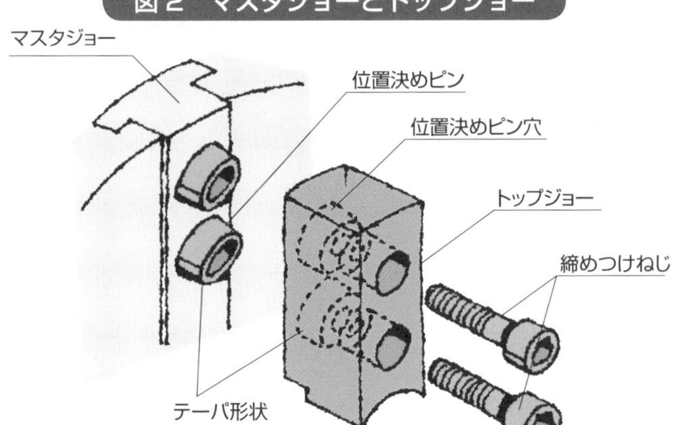

図3　油圧チャッキング装置の仕組み

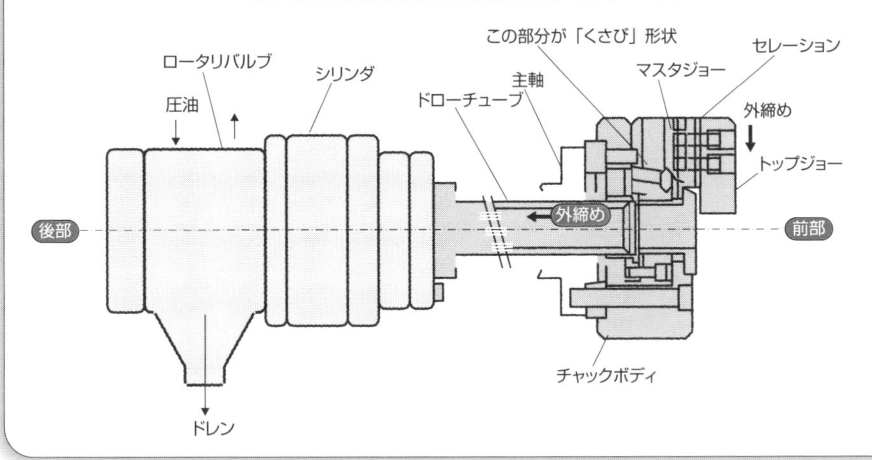

42 チャッキング装置の種類と仕組み②

コレットは工作物を包み込むように把握する治具

図1のコレットはチャッキング装置の一種で、コレットの割り数によって工作物を包み込むように把握する治具です。

コレットは面で工作物を把握するため41項で解説したチャックのように、爪で工作物を把握する仕組みに比べて1点にかかる圧力が小さく、また圧力が均一に分散するため、工作物がひずみにくいことが特徴です。また、面接触のため保持した部分をキズ付けにくく、強く保持することができます。

薄肉やアルミニウム合金、銅合金など軟らかい材質の固定に適しています。また、面接触であるため加工時の振動を吸収する減衰特性に優れているため、チャックに比べてびびりを抑制し、工具寿命が長くなります。

コレットには引き形、押し形、静止形の3種類があります(図2)。

(a)の引き形はコレットを引いて工作物を保持する仕組みで、振れ精度と繰り返し精度が高いです。

(b)の押し形はコレットを押して工作物を保持する仕組みで、先端が細くなっているため、切削時にバイトとの干渉が少ないことが利点です。ただし、推力が一定以上大きくなるとコレットが座屈するため、大きな把握力を得ることはできません。

(c)の静止形はコレットが軸方向に動かず静止したまま工作物を保持する仕組みで、コレットが動かないため軸方向の位置決め精度が高いこと、遠心力による把握力の低下が少ないことが特徴です。

コレットのテーパ角度は通常8°～15°で、テーパ角度が小さいほど保持力は高くなりますが、締り代が小さくなります(図4)。コレットの内面は精密に研磨されているため黒皮や鋳物など表面粗さが粗いものや外形寸法のバラツキが大きい工作物の保持には適しません。コレットは使用期間が長くなると把握力が低下します。コレットは消耗品です。

要点BOX

- ●コレットはチャックに比べ工作物が歪みにくい
- ●コレットには引き形、押し形、静止形がある
- ●コレットは消耗品

図1　コレットチャック

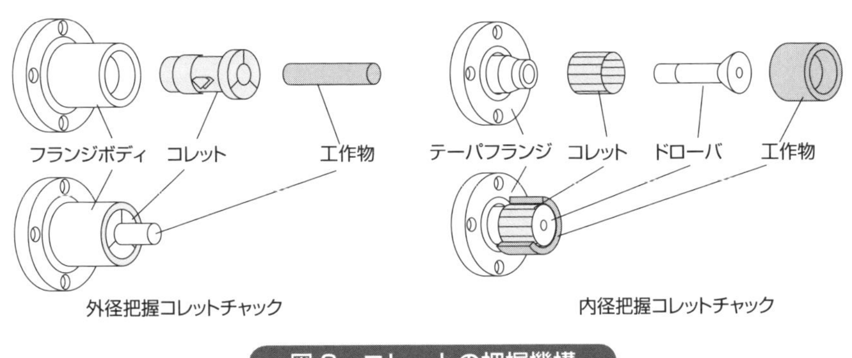

図2　コレットの把握機構

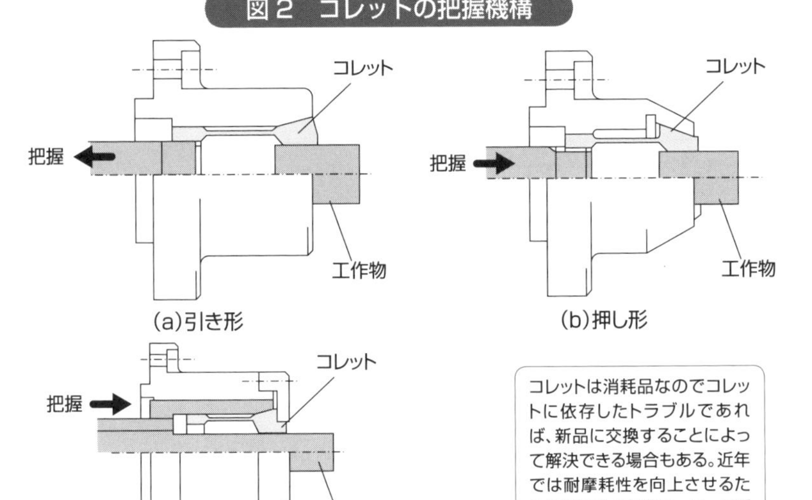

コレットは消耗品なのでコレットに依存したトラブルであれば、新品に交換することによって解決できる場合もある。近年では耐摩耗性を向上させるために超硬合金製やコーティングしたものも流通している。

図3　コレットチャック

図4　テーパ角度

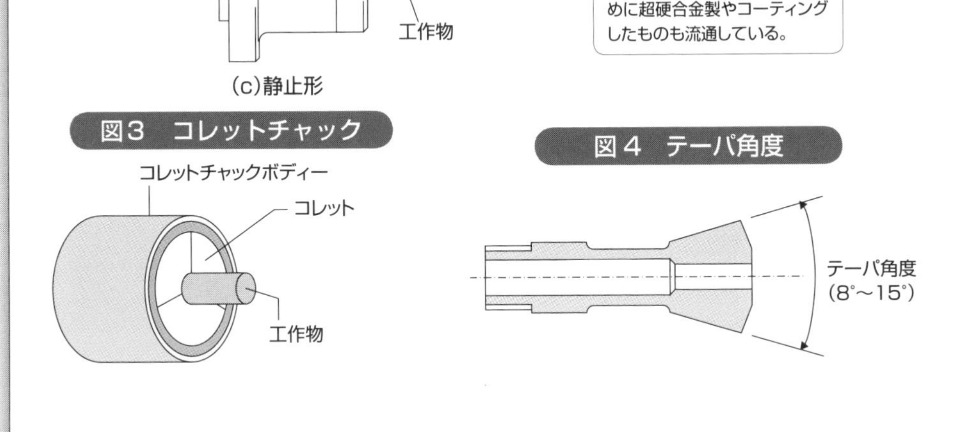

43 チャッキング装置の動力

チャック圧の調整が大切

チャッキング装置の動力には手締め、油圧、空圧、電動がありますが、NC旋盤では高速回転するチャックの遠心力と、切削時に発生する切削抵抗に耐え得る大きな把握力が必要なため、大きな力が得られやすい油圧が多用されています(図2)。油圧は常に油圧ポンプが駆動し、油圧シリンダを加圧しているため爪の把握力は変化せず、遠心力や切削抵抗によって工作物がずれても、常に設定された圧力で工作物を把握するため、工作物が爪から外れることはほとんどありません(把握力よりも大きな切削抵抗が作用すれば外れます)。しかし、常に油圧が作用した状態のため、肉厚が薄い工作物や加工中に肉厚が薄くなる場合には歪(ひずみ)が大きくなることが欠点です。

通常の油圧チャックは工作物の剛性に合わせて圧力を変化させることはできません。このため、もともと剛性が低い場合や加工中に剛性が低くなる場合には、あらかじめ設定圧力を小さくするか、治具を製作するなどの工夫が必要です。把握力を小さくすると工作物の変形や歪は抑制できますが、荒加工などで送り量や切込み深さを大きくすることができないので生産能率が低下してしまいます。油圧は大量の作動油を使用し、常に油圧ポンプを駆動しなければならず、環境負荷と電力消費が大きいという欠点もあります。空圧は油圧に比べて把握力が小さいため、切削抵抗の小さい小型の旋盤に採用されています(図3)。電動はモータの回転運動をドローチューブの往復運動に変換する仕組みですが、大きな推力を得ることと、専用のNC装置が必要で、従来の油圧チャックに置き換えれないことが欠点です。

油圧チャックはドローチューブを介して、主軸頭後端のロータリバルブ付きのシリンダに連結されています。油圧チャックの爪は油圧シリンダ内のピストンが後退することによりチャック内のくさびが後退し、閉まります。

要点BOX
- ●動力には手締め、油圧、空圧、電動がある
- ●油圧は大きな力が得られやすい
- ●肉厚が薄い工作物は把握力でひずむ

図1　小さな力を大きな力に変えられる油圧

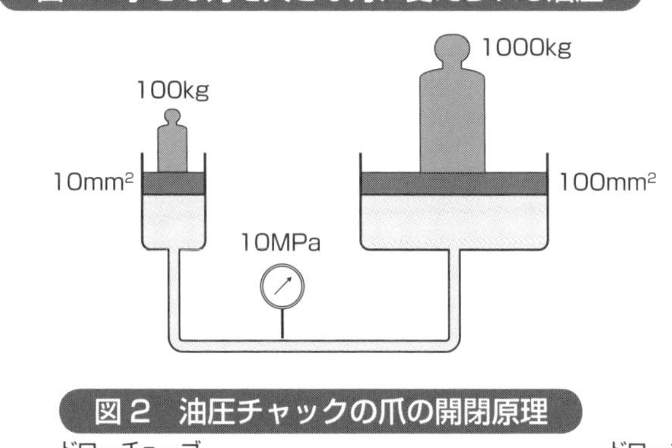

図2　油圧チャックの爪の開閉原理

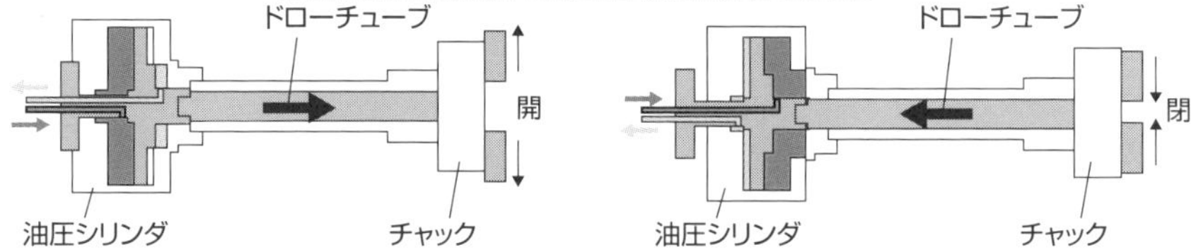

図3　空圧チャックの原理

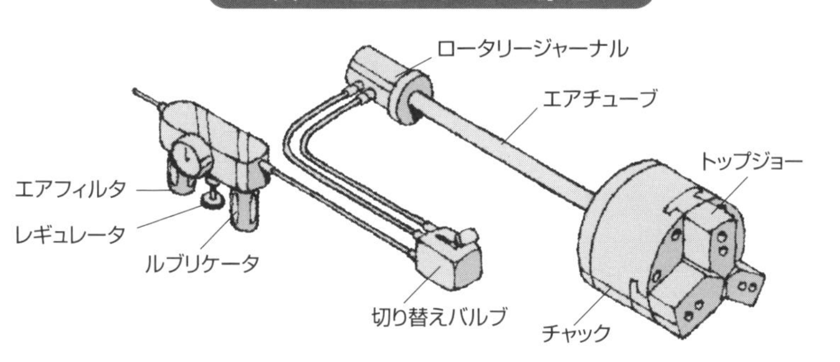

図4　チャック時はチャック圧を確認する

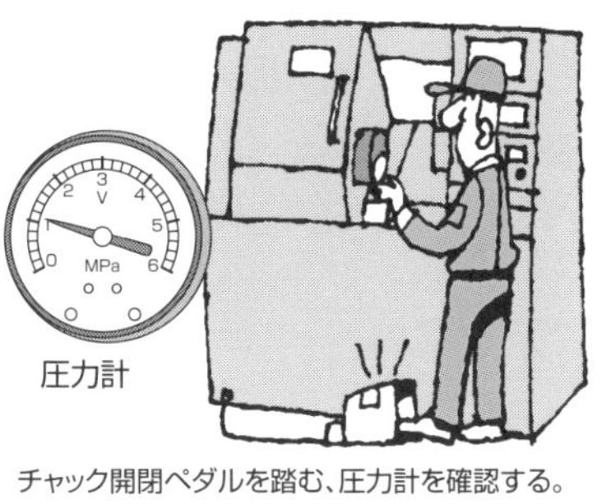

チャック開閉ペダルを踏む、圧力計を確認する。

図5　把握時の注意点

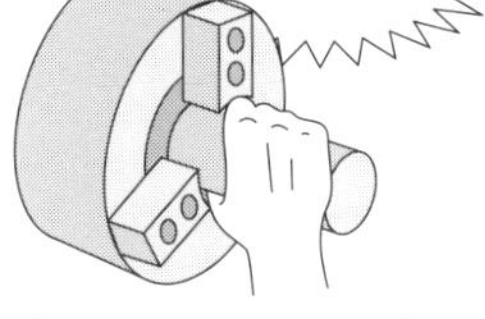

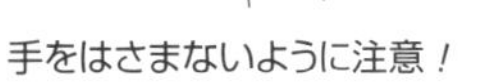

手をはさまないように注意！

44 硬爪と生爪

生爪は加工精度の基準

チャックの爪には「硬爪（かたづめ）」と「生爪（なまづめ）」の2種類があります。「硬爪」は焼入れされた爪で、文字通り硬い爪です。一方、「生爪」は焼入れされていない爪で、軟らかい爪です。

硬爪は一般に工作物を保持する部分に格子状の模様が入っており、黒皮のように工作物の表面に凹凸があっても力強く保持することができます。ただし、工作物を保持する面積が少ないため、強く保持すると、工作物の表面に掴み痕を残してしまうほか、工作物に変形が生じ、真円度が損なわれてしまいます。「硬爪」は主として黒皮が付いた状態の工作物や真円度が要求されない荒加工で使用されます。

生爪は図1に示すように、工作物の外径（または内径）に合わせて成形できるのが特徴です（図3）。新品の生爪はそのままでは工作物を掴むことはできません。使用する前には工作物の外径に合わせて成形する必要があります。

成形後の爪は工作物の外径と同じ寸法になるため、工作物を保持する際、爪の丸みと工作物の外径がぴったりと一致し、工作物の表面に掴み痕を残すことはありません。また、爪と工作物の接触面積が広いため、硬爪よりも工作物の変形を抑制できます。生爪は仕上げ加工や同じ寸法の工作物を大量に加工する場合に使用されます。

生爪を成形するときは、工作物と同じ寸法の芯金（しんがね）を保持し、爪に拘束力を加えた状態で行います（図4）。爪に拘束力を与えないで成形すると、爪を成形する際、切削抵抗によって爪が逃げるため（加工精度が悪くなるため）、工作物の外径と同じ寸法に加工することができません。生爪は実際に工作物を掴む状態に近い環境で成形することが大切です。芯金を使用しても、芯金から離れた部分では切削抵抗により逃げが発生し、爪が開いたような状態になるため、心振れの原因になります。

要点BOX
- 生爪は工作物の変形を抑制できる
- 生爪を成形するときは芯金を掴む
- 爪の開き（成形不良）は心振れの原因になる

図1　3爪チャックと生爪

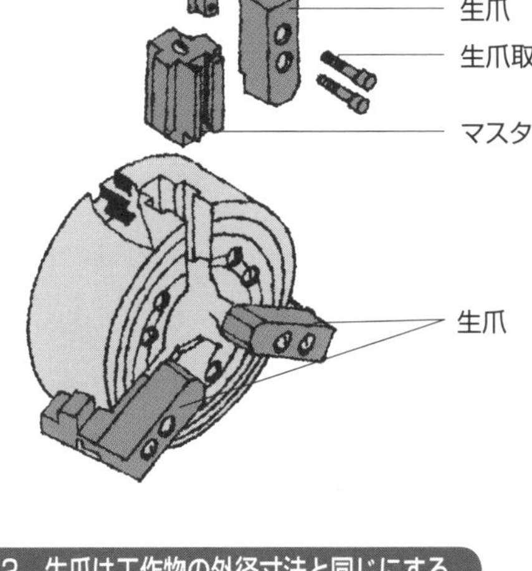
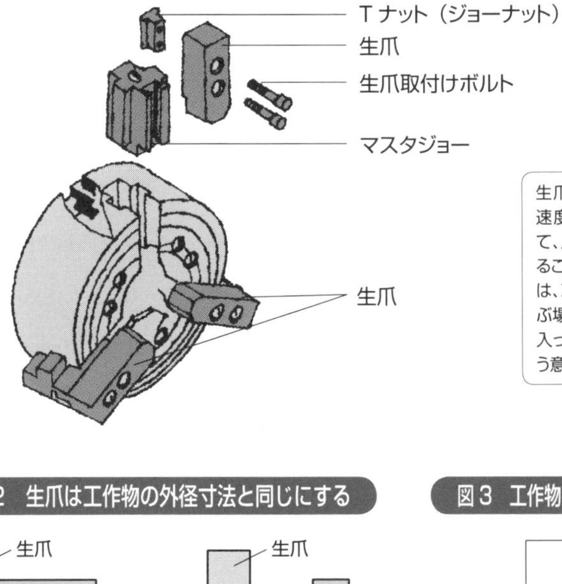

生爪を成形する場合には送り速度や切込み深さを小さくして、爪が逃げないように配慮することが大切。なお生産現場では、芯金（しんがね）のことを「あんこ」と呼ぶ場合があるが、由来は饅頭に入っている餡子（あんこ）で、詰め物という意味。

図2　生爪は工作物の外径寸法と同じにする

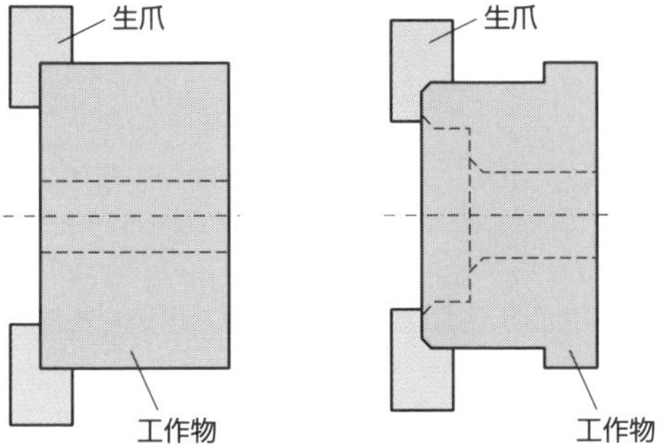

生爪　工作物　生爪　工作物

図3　工作物の外径に合わせて成形する

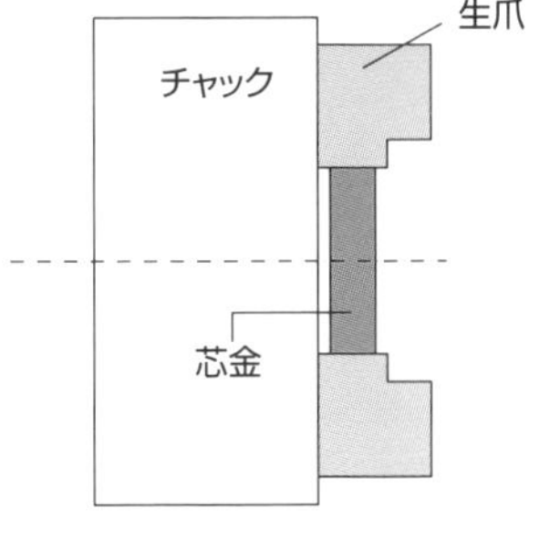

図4　生爪の成形

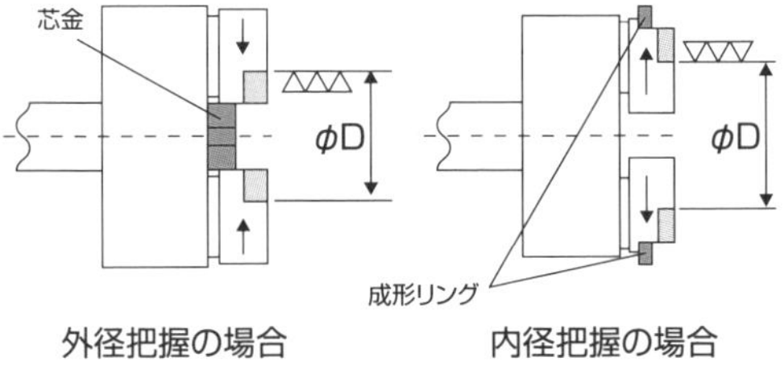

芯金　φD　成形リング　φD

外径把握の場合　内径把握の場合

図5　生爪成形時の切削条件（一例）

荒加工
回転数　300min^{-1} 程度
送り　手送り
切込み深さ　2.0 ㎜

仕上げ加工
回転数　300min^{-1} 程度
送り　手送り
切込み深さ　0.2 ㎜

45 切削油剤タンクの管理とチラー

スラッジ、混油、泡立ち対策

切削油剤は加工品質の向上、工具寿命の延命など生産性に貢献する欠かせないアイテムです。一方で、図1に示す切削油剤の管理は金属加工の恒久的な課題の1つです。空気中をはじめ私たちの生活環境には微生物（バクテリア、カビ、酵母など）が存在し、この微生物が切削油剤に混入すると切削油剤は腐敗します。微生物が繁殖するのは「温度、水分、栄養源」が整ったときなので、夏場の水溶性切削油剤の管理は特に大切です。切削油剤が腐敗すると切削油剤の性能が低下し、本来の効果が得られなくなるため加工精度や工具寿命が悪くなります。また、機械本体の錆や悪臭の原因になります。このため、切削油剤が腐敗しないよう管理しなければいけません。

腐敗の対策には①適正な濃度とpH管理、②スラッジ（切りくず、さび、油の固形物など沈殿物の総称）や混油（潤滑油、作動油）の除去、③防腐剤を使用するなどの殺菌が有効です。濃度とpHの管理は近年、自動で測定するシステムも開発されています。スラッジや混油の除去は鉄系切りくずなど磁性体や沈殿しやすい成分（沈殿スラッジ）はマグネットセパレータや紙フィルタ、混油など浮上しやすいもの（浮上スラッジ）はオイルスキマーなどの分離装置を使用します。アルミニウム合金や鋳鉄は切りくずが粉状（粒径が数μm程度、液中スラッジ）になるため、フィルタを使用するとすぐに目詰まりするため、サイクロンなどの遠心分離機が有効です。

近年は継ぎ足しで使用できる長寿命な切削油剤も市販されていますが、濃度管理や濾過、スラッジの除去など適正に管理することが前提です。

チラーは水や油などの液温を管理し循環させる装置の総称です（図2）。金属加工では切削温度が高くなるため、加工時間に比例して切削油剤の温度が上昇します。切削油温の上昇は切削油剤の腐敗や工作機械の熱変位の主因になり加工精度に直結します。

要点BOX
- ●微生物の繁殖条件は温度、水分、栄養源
- ●水溶性切削油剤は腐る
- ●チラーで切削油温を管理する

図1　水溶性切削油剤の管理項目

項目	目的
外観	油剤の色相変化、浮上油分の有無は、油剤の劣化、他油混入の目安となる
臭気	油剤の腐敗臭気を観察し、腐敗の徴候を事前に察知する
pH	pHの測定は劣化によるさびの発生、腐敗化の防止のための目安となる
濃度	油剤の諸性能を十分に活用するため、規定の濃度を維持させる必要がある
他油混入量	他油の混入による油剤の劣化促進、および浮上油分のクーラント表面の被覆による腐敗促進を防ぐため、他油混入量は常に把握する必要がある
さび止め性	油剤のさび止め性を評価し、工作物材質、工作機械などのさび発生トラブルを防止する
腐敗試験	油剤の腐敗傾向を定量的にチェックし、クーラントの腐敗によるトラブル発生を事前に防止する

図2　チラーの原理

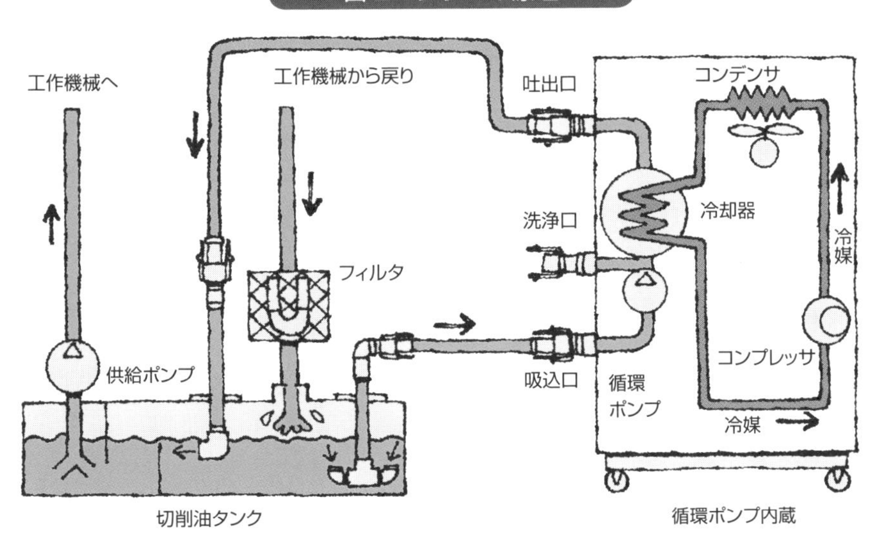

チラーを使用し切削油温を一定に保つことにより、切削油剤の延命と加工精度を安定させることができる。

46 暖機運転の必要性

熱変位を安定させる

私たちが身体を動かす際、準備運動を行い、血液の循環を良くし、身体を温めます（ほぐします）。準備運動を行わず急に身体を動かすと、本来の運動能力を発揮できないばかりかケガの原因にもなってしまいます。

NC旋盤を使用する際も同じで、電源を入れて準備運動せず、すぐに加工を行うと本来の運動性能で動くことができず加工精度が安定しません。工作機械の準備運動を「暖機運転またはならし運転」といい、とくに冬など寒い時期ほど暖機運転は大切です。

暖機運転の目的は①主軸の熱変位を安定させる、②往復台（刃物台）など駆動部の運動精度を安定させる（構造体の熱変位と潤滑油の温度を安定させる。とくに、主軸の軸心と刃物台間の相対距離が変化します）。③切削油剤（クーラント）の温度を安定させることです。また、④加工中は切削工具が熱膨張するため考慮することも大切です。これらを一定にすることで加工精度が安定します。

①主軸の熱変位を一定にする：電流が流れるため、回転時間に比例して温度が上昇します。温度が上昇すると主軸は膨張し、Z軸のプラス方向に伸びます。主軸の伸びが一定になるまで暖機運転を行うことが大切です。

②往復台（刃物台）など駆動部の運動精度を安定させる：NC旋盤の電源を入れると、自動で潤滑油が駆動部の各部に供給されますが、電源を入れた直後は前回使用した際の潤滑油が駆動部に残存しています。暖機運転を一定時間行うことによって、新しい潤滑油を駆動部に供給し、潤滑油の温度を一定にすることが大切です。

③切削油剤（クーラント）の温度を一定にする：切削油剤の温度は加工精度に影響します。使用前には切削油剤を循環させ、切削油剤が一定の温度になるよう配慮することが大切です。

要点BOX
- ●工作機械も人も準備運動が大切
- ●主軸は熱膨張によって伸びる
- ●温度の安定が加工精度を安定させる

図1　暖機運転を行わないですぐに加工した場合

図2　段機運転を行い加工した場合

47 潤滑油の働きと重要性

フロードアップ現象とスティクスリップ現象

NC旋盤の取扱説明書にはメンテナンスガイドがあり、その1つに給油表があります。給油表にはどこに何の種類の油を供給するかが細かく記載されています。

油の種類には潤滑油と作動油があり、①潤滑油は往復台や心押し台の摺動面に供給される油で、②作動油は主軸台、刃物台のギアボックスやチャックの開閉の動力として使用される油です。潤滑油は滑油摩擦を軽減するもの、作動油は動力(パワー)を伝達するものと覚えておけばよいでしょう。ただし、潤滑油と作動油を兼用できるものもあります。

往復台や心押し台の摺動面は軸受や歯車に比べて、固定側と運動側の二面間の相対速度が低いため流体油膜が形成しにくいです。このため、粘度の高い潤滑油を使用し、油膜を形成の方法もありますが、そうすると、高速で移動する際には粘度が高いため図1の浮き上がり(フロードアップ現象)や図2の蛇行現象が生じやすくなります。したがって、潤滑油は比較的粘度が低いものが要求されます。

一方、粘度が低く潤滑性能が低い場合には低速で動くとき、適正な油膜が形成されず、「停止→発進→停止」の小刻みな運動を繰り返すスティクスリップ現象(びびり現象の一種)を起こりやすくなります(図3)。スティクスリップ現象は一般に300mm／min以下の低速送りにおいて発生しやすいです。フロードアップ現象もスティクスリップ現象も加工精度や仕上げ面粗さに直結するため、潤滑油はメーカが指定する適正なものを給油しなければいけません。油の基本性能は粘度に依存するのでとくに粘度は大切です。

潤滑油にはマシン油やギア油、スピンドル油、タービン油などがあり、それぞれ潤滑する対象物の回転数や負荷によって添加剤が異なり、さまざまな性質が付与されています。

要点BOX
- ●潤滑油は摩擦を低減するもの
- ●粘度が高いと浮き上がりが生じやすい
- ●粘度が低いとスティクスリップが生じやすい

図1　フロードアップ現象

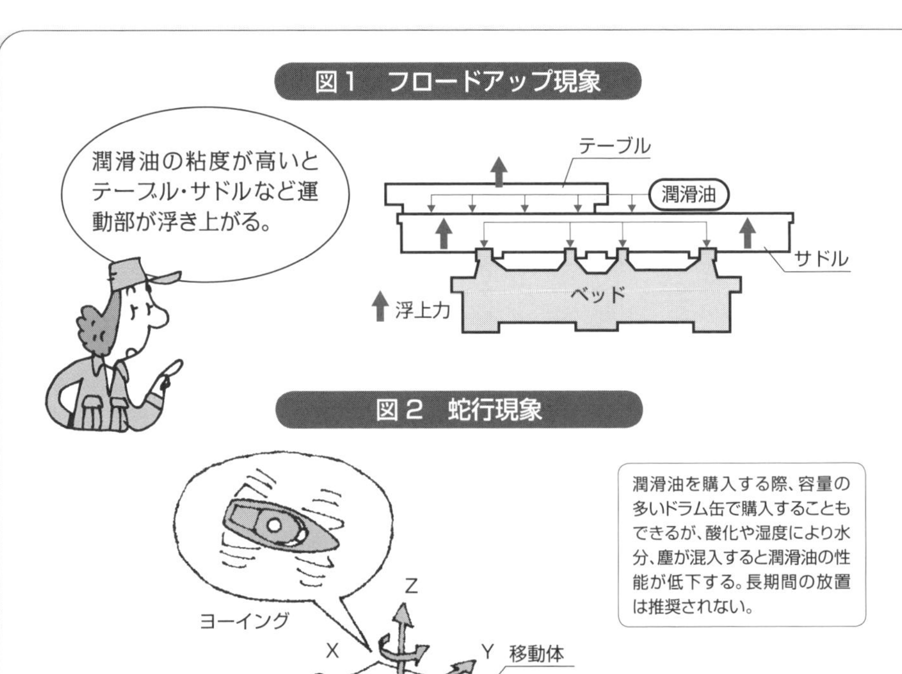

図2　蛇行現象

潤滑油を購入する際、容量の多いドラム缶で購入することもできるが、酸化や湿度により水分、塵が混入すると潤滑油の性能が低下する。長期間の放置は推奨されない。

図3　スティクスリップの発生原理

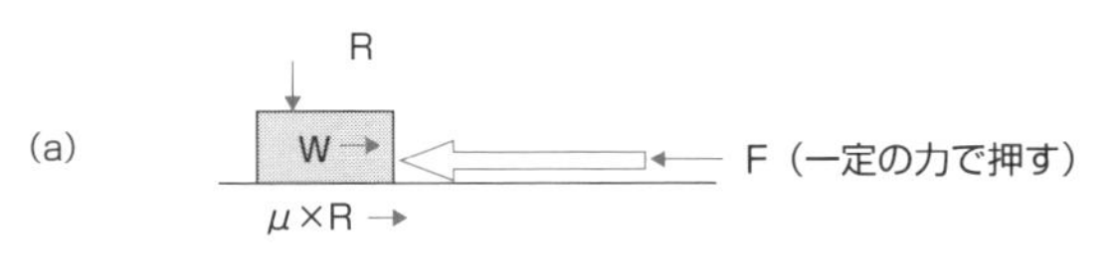

48 作動油の働きと重要性

作動油は動力(パワー)を伝達する

作動油は潤滑油と同じ油ですが、47項で解説したように両者は働きが異なるため含有する添加剤が異なります。作動油は潤滑油の一種ですが、機器の潤滑や防錆などに加えて、油圧ポンプで発生する運動エネルギーを油圧シリンダや油圧モータなどのアクチュエータ(NC旋盤の場合、主軸台、刃物台のギアボックスやチャックの開閉など)に伝達する機能(働き)を有しています。油圧ポンプは出力が大きく、NC旋盤の電源が起動中は常に稼働し、作業環境の温度上昇も影響するため作動油は高温になり熱的負荷が作用します。このため、作動油には温度変化で粘度が変化せず潤滑性や耐摩耗性を維持し、酸化しない性能(酸化安定性)が求められます。

さらに基本性能として、金属を腐食させない防錆作用や油圧機器に使用されているゴムや塗装を侵さないこと、圧縮性が低いこと(作動油が収縮すると運動誤差が生じます)、乳化しにくいこと(水分離性が高いこと)、温度が向上しても燃焼しないこと(難燃性)があげられます。

作動油は一般作動油、耐摩耗性作動油、難燃性作動油の3種類に大別されます。作動油の適正温度は約35～55℃程度なので、作動油の温度が高くなる環境では空冷式熱交換器(ラジエータ、オイルクーラ)やチラーが必要な場合もあります。

作動油は循環式ですが適正に性能を維持するためにも定期的な交換が必要です。作動油は粘度が高すぎるとモータの負荷が大きくなり油圧機器の動作が緩慢になるため、ある程度粘度が低いものが望まれます。一般に作動油は潤滑油として代用できますが、潤滑油は作動油として代用できません。ただし、使用できるというだけで各所には適した種類の油を供給することが前提です。潤滑油と作動油を共用し一時的には経費が安くついたとしても故障したときの経費は高額になります。

要点BOX
- ●作動油には熱的負荷が作用する
- ●作動油の適正温度は約35～55℃程度
- ●作動油は定期的な交換が必要

図1　油圧装置の5大要素

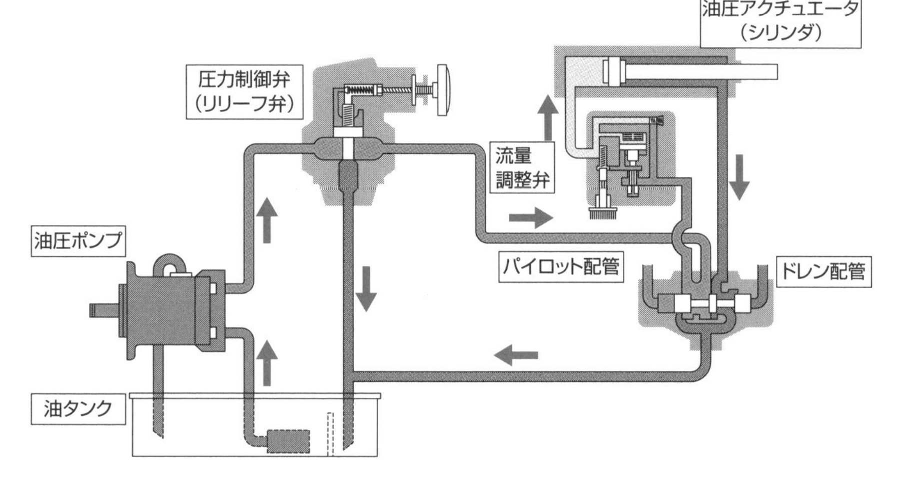

油圧アクチュエータ（シリンダ）	油圧エネルギーを運動エネルギー（仕事）に変換する
油圧バルブ	油の流れる方向、量、圧力をコントロールする
油圧ポンプ	油を吸って吐き出す運動エネルギーを油圧エネルギーに変換する
油圧アクセサリ	油圧装置の補助的役割を行う
油タンク	油を貯蔵する

図2　作動油の適正温度

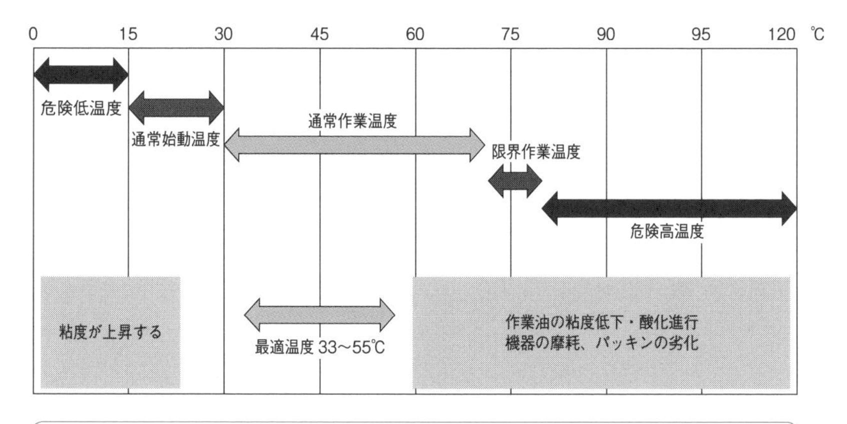

油圧ポンプは大きな力をつくれるが、動力損失と消費電力が大きいため、近年ではポンプを可変制御したり、回転数をインバータ制御できるもの、バルブに比例機能やサーボ機構を付加したものなどが開発され省エネを実現している。

49 潤滑油と作動油の粘度

粘度によって分類される

すべり案内仕様のNC旋盤では往復台や心押し台の駆動部の案内面（摺動面、すべり面）は金属と金属または金属と樹脂が接触しています。駆動部が運動する際、案内面が完全に接触していると正常に、精度良く、正確に動くことができません。駆動部が運動する際には案内面の間に潤滑膜があり、案内面がわずかに潤滑油で浮き上がり，接触しない状態（流体潤滑）が理想です。

潤滑油は主として粘度によって分類され、粘度区分は国際規格ＩＳＯで規定されています。ＩＳＯではVGという表記を使用し，VGに続く数値によって粘度を分類しています（図2）。日本国内ではVGの代わりに#で表記されることもあります。数値が小さいほど粘度が低く（サラサラに）なり，数値が高いほど粘度が高く（ドロドロに）なります。潤滑油は正式には動粘度という指標で評価され、動粘度は粘度を密度で割った値で、流体そのものの動きにくさを表すものです。同じ粘度でも密度が異なると動きにくさは変わります。

NC旋盤などの工作機械で使用される潤滑油には主として、スピンドル油、マシン油、ギヤ油、摺動油、軸受油があります。スピンドル油は名前の通り、主軸など高速で回転する箇所に使用される潤滑油です。マシン油は潤滑油の中でも使用の用途が広く、添加剤が一切含有しておらず、原油の種類によって品質が異なるのが特徴です。さまざまな機械の軸受や回転部分の潤滑油として用いられます。ギヤ油は歯車の摩擦軽減と冷却用として各種ギヤに使用される潤滑油です。

摺動油は工作機械のすべり案内面（摺動面）に使用される潤滑油です。摺動油はすべり案内面で発生する振動現象への耐性や防錆性、酸化安定性に優れているのが特徴です。主として、すべり案内面専用のものと油圧作動油との兼用のものとに分類されます。

要点BOX
- ●潤滑油の粘度はVGグレードで分類される
- ●VGが小さいほどサラサラ、大きいほどドロドロ
- ●動粘度は粘度を密度で割った値

図1　動粘度の概念

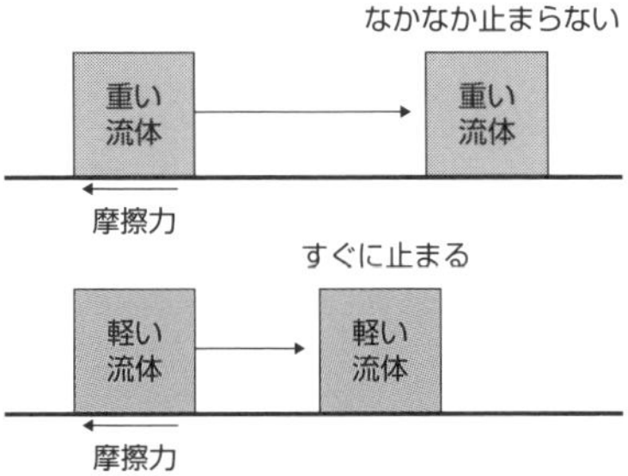

なかなか止まらない
重い流体
重い流体
摩擦力
すぐに止まる
軽い流体
軽い流体
摩擦力

●流体自身の重さである密度を考慮する必要がある

$$動粘度 = \frac{粘度}{密度}$$

図3　粘度は温度によって変わる

粘度が高い
粘度が低い
低温
高温
粘度
温度

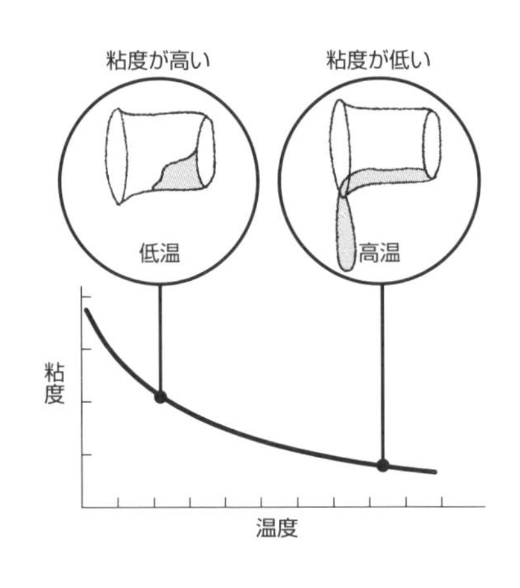

図2　工業用潤滑油 ISO 粘度グレード

ISO粘度グレード番号	中心値の動粘度 mm^2/s(cSt) (40℃)	ISO粘度グレード番号	中心値の動粘度 mm^2/s(cSt) (40℃)
ISO VG 2	2.2	ISO VG 100	100
ISO VG 3	3.2	ISO VG 150	150
ISO VG 5	4.6	ISO VG 220	220
ISO VG 7	6.8	ISO VG 320	320
ISO VG 10	10.0	ISO VG 460	460
ISO VG 15	15.0	ISO VG 680	680
ISO VG 22	22.0	ISO VG 1000	1000
ISO VG 32	32.0	ISO VG 1500	1500
ISO VG 46	46.0	ISO VG 2200	2200
ISO VG 68	68.0	ISO VG 3200	3200

スピンドル油：VGグレードは2～10程度に相当する。
マシン油：VGグレードは2～1500程度に相当する。
ギヤ油：VGグレードは32～680に相当する。
軸受油：VGグレードは2～460程度に相当する。

50 切削油剤の役割と求められる性能

切削油剤は重要なアイテム

切削工具を金属(工作物)に押し当て、金属が切りくずとして排出される際、切りくずになる部分には大きな変形が生じます。金属は変形すると熱を発生する性質があるため、金属が切りくずとして引きちぎられる点(切削工具と工作物が接触する点：切削点)は600〜1000℃程度の高温になります。切削点で生じる熱を「切削熱」といいます。切削熱が高くなると工作物が膨張するため加工精度が悪くなり、また切削工具は軟化するため工具寿命が短くなります。さらに、切削熱が高くなると工作物に熱的ストレスが作用し、歪(ひずみ)が生じる原因になります。つまり、金属加工では切削熱を抑制・除去することが大切で、切削点の近傍に切削油剤を供給します。

切削油剤の作用は主として①潤滑作用、②冷却作用、③切りくずの運搬作用の3つです(図1)。とくに潤滑作用と冷却作用は切削油剤に求められる1次性能です。

①潤滑作用は切削油剤が切削工具と切りくずまたは工作物(仕上げ面)の間に入り込み、摩擦の低減を促します。潤作作用によって切削熱を抑制し、工具寿命の延長や仕上げ面性状の向上、切削動力(消費電力)の軽減がされます。また、潤滑作用には切削熱により溶けた工作物の一部が切削工具の切れ刃先端に付着する溶着(凝着)を防止する作用もあります。

②冷却作用は切削熱を除去するもので、切削熱を取り除くことにより、工作物の膨張と切削工具の軟化を抑制し、加工精度の向上や工具寿命の延長に効果があります(図2)。

③切りくずの運搬作用は切削点や工作物上に堆積した切りくずを取り除く働きです。切削時に切りくずを噛み込むとチップが欠けます。切りくずは切削時の力と熱の影響により本来の硬さよりも硬くなっています。この現象を「加工硬化」といいます。

要点BOX
- ●切削油剤の働きは潤滑、冷却、切りくずの運搬
- ●切りくずは硬い(加工硬化している)
- ●切削油剤には1次、2次、3次性能がある

図1　切削点での切削油剤の供給効果

●潤滑作用が足りないと（工具摩耗の増大）　　●冷却作用が足りないと（熱の発生）

切削油剤により2つの効果が得られると

図2　切削点の状態

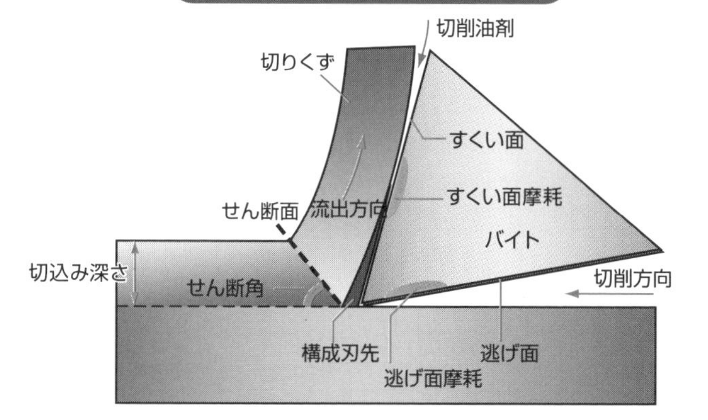

図3　切削油剤に求められる性能

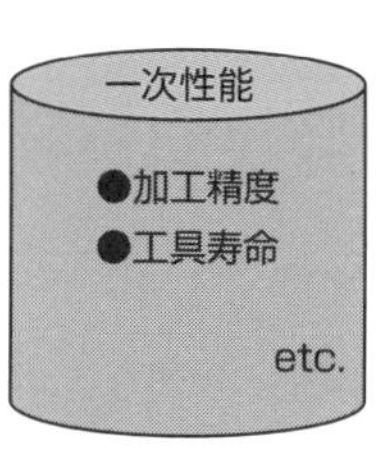

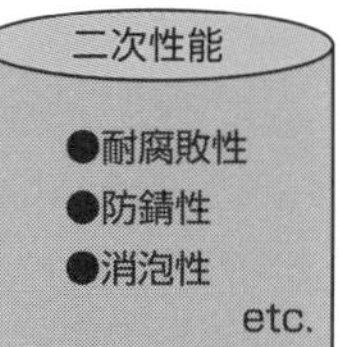

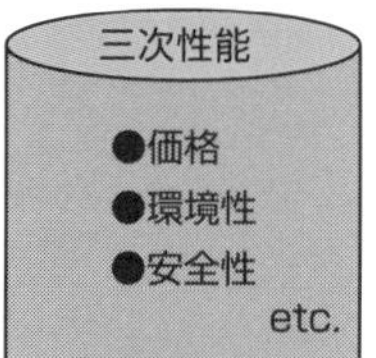

切削油剤を選定する際には、1次～3次性能までを総括的に考慮して選択することになる。

51 切削油剤の種類①

原液のまま使う不水溶性切削油剤

切削油剤の種類は原液のまま使用する①不水溶性切削油剤と、水に希釈して使用する②水溶性切削油剤の2種類があります。主として不水溶性切削油剤は潤滑性や耐溶着性を重視する場合に、水溶性切削油剤は冷却性能を重視する場合に使用します。近年は主軸が高速で回転し、切削熱が高くなる傾向にあるため水溶性切削油剤が使用されることが多くなっています。

不水溶性切削油剤および水溶性切削油剤の主成分(基油：ベースオイル)は鉱物油または植物油、化学的に配合された合成油のいずれかが使用され、潤滑性、耐溶着性、浸透性などを向上させるために数種類の添加剤が投与されています。

日本工業規格(JIS)では、不水溶性切削油剤を成分と銅板に対する腐食性から4種類(N1、N2、N3、N4)に分類し、N1、N2、N3を不活性タイプ、N4を活性タイプとしています(図1)。

●N1は4種類のうちもっとも不活性で、腐食しやすい非鉄金属(銅および銅合金)や鋳鉄の加工に適しています。

●N2およびN3種、もっとも汎用的で切削加工全般に適しています。

●N3およびN4は極圧添加剤としての硫黄が投与されています。このため、耐溶着効果が高く、良好な仕上げ面が得られやすいことが特徴で、難削材の加工に適しています。とくにタップ加工、リーマ加工、ブローチ加工など切削速度が低い加工では効果的です。ただし、硫黄によって鉄系材料でも変色することがあり、アルミニウム合金や銅合金では黒くなるので使用には注意が必要です。

JISではN1～N4の基準を定めていますが、実際にはこれらの分類に該当しないものも多く市販されており、切削油剤のメーカでは加工方法や工作物材質に特化したさまざまな油剤を開発しています。

要点BOX
- ●不水溶性切削油剤は4種類に分類される
- ●不水溶性切削油剤は腐敗しない
- ●不水溶性切削油剤は引火の危険がある

図1　不水溶性切削油剤の分類

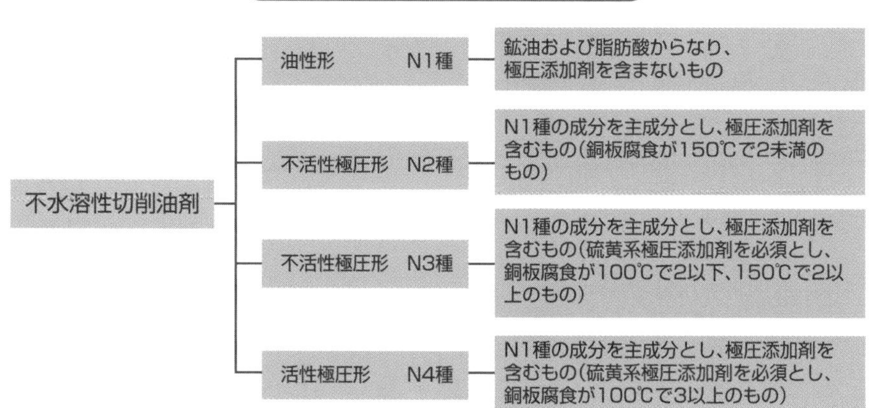

図2　不水溶性切削油剤の JIS による分類と適用例

JISによる分類					適用例
種類		極圧添加剤	銅板腐食		
			100℃、1h	150℃、1h	
N1種	1号～4号	含まない	−	1以下	非鉄金属（銅および銅合金）の加工 鋳鉄の切削加工
N2種	1号～4号	含む	−	2未満	汎用油剤、一般切削加工に幅広く使用
N3種	1号～8号	含む	2以下	2以上	難削材の低速加工 仕上げ面精度のきびしい加工
N4種	1号～8号	含む	3以下	−	

52 切削油剤の種類②

水に希釈して使用する水溶性切削油剤

　水溶性切削油剤は水に希釈して使用するため冷却性に優れます。また発火の危険性がないため無人・自動運転に適しています。ただし、腐りやすく管理が難しいこと、水垢が発生することなどが欠点です。通常、水溶性切削油剤は10倍～80倍に希釈して使用します。

　希釈する際は水道水に油剤の原液を入れます。原液に水道水を入れると、原液が水に均一に溶けにくいので手順を間違えてはいけません。補充する際も希釈したものを使用します。水だけを補充すると濃度が薄くなり、さびの原因になります。

　NC旋盤の切削油剤のタンク容量が200ℓで、20倍希釈をつくりたいときは、10ℓの原液と水道水190ℓを混ぜ、全体で200ℓになればOKです。原液の量に希釈倍率で掛けた値が全体の量になります。ちなみに、濃度で表すと5%になります。

　日本工業規格(JIS)では、水溶性切削油剤を含有成分と外観の色から3種類(A1、A2、A3)に分類しています(図1)。

●A1はエマルションと呼ばれ、水に希釈すると乳白色になります。鉱物油が多くふくまれているため3種類のうちもっとも潤滑性に優れています。ただし、ベタツキがあり、マシニングセンタや工作物に残りやすく、洗浄が必要になることがあります。防腐性はA2(ソリュブル)よりも劣ります。

●A2はソリュブルと呼ばれ、水に希釈すると半透明ないし透明になります。浸透性と冷却性に優れていますが、潤滑性はA1(エマルション)より劣ります。

●A3はソリューションと呼ばれ、水に希釈すると透明になります。浸透性と冷却性に優れていますが、基油を含有していないため潤滑性はほとんどありません。浸透性が高いため、塗装へのダメージや肌荒れが起こりやすい油種です。

要点BOX
●水溶性切削油剤は3種類に分類される
●希釈する際は水道水に油剤の原液を入れる
●補充する際は希釈したものを使用する

図1　水溶性切削油剤の分類

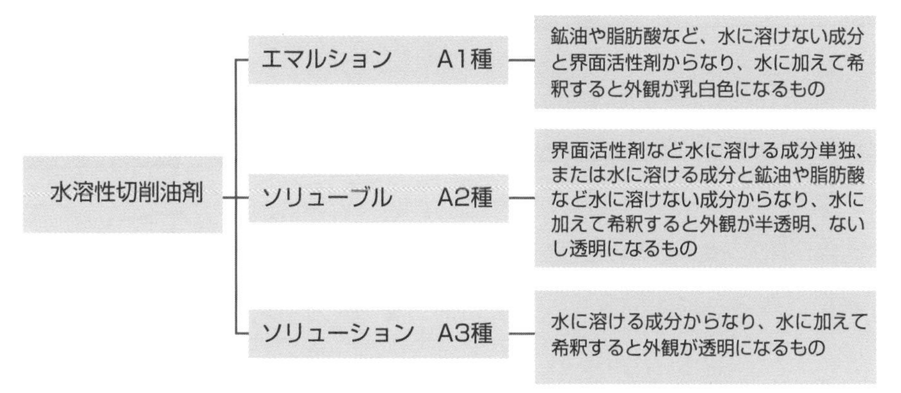

図2　水溶性切削油剤のJISによる分類と特徴、適用例

JISによる分類		特徴	適用例
種類	外観		
A1種	乳白色(エマルション)	水溶性切削油剤の中でもっとも潤滑性が高い	鋳鉄、非鉄金属(アルミニウム、銅、およびその合金)、鋼の切削加工 硫黄系極圧添加剤を含有するものは、鋼の低速加工などの重切削加工
A2種	半透明ないし透明(ソリューブル)	エマルションに比べると洗浄性、冷却性が高い	鋳鉄、非鉄金属(アルミニウム、銅、およびその合金)、鋼の切削加工や研削加工
A3種	透明(ソリューション)	消泡性に優れる 冷却性が高い	鋳鉄の切削加工 鋳鉄、鋼の研削加工

※切削油剤メーカは国内外で非常に多く、添加剤などメーカ特有の配合をした切削油剤もあり、実際にはJISの分類に即さないものも多く市販されている。

切削油剤の判定基準

切削油油剤の種類は多く、どれを使用すればよいか迷います。チタン合金やインコネルなど耐熱性の高い難削材の切削では工具寿命や表面粗さなど切削油剤の性能の差がはっきりとわかることがありますが、一般的な鉄鋼などでは性能の差が見えにくいことがあります。マシニングセンタで行ういろいろな加工の中ではドリル加工やタップ加工は切削油剤の性能の差が出やすいので、これらの加工を評価基準として油種を選定するとよいでしょう。

53 NC旋盤作業の段取り

図面から製品完成までの流れ

図1にNC旋盤作業における図面から製品完成までの流れを示します。図からわかるように、製品完成までにはいろいろな作業があり、図面から加工に至るまでの作業全般を「段取り」といいます。段取りが悪いと物事はうまく進まず、良い結果が得られません。歌舞伎などの伝統文化や料理の世界では成功するか否かの80%は段取りの良し悪しによって決まるという意味で、「段取り八分、段取り8割」という表現が使われます。

①図面の確認：加工のポイントがどこなのかを確認します。主として寸法許容差の狭いところが加工の難易度が高いため注意します。

②加工工程と使用工具の選定：使用する材料（素材）から加工完了までの加工工程を考えます。仕上げ加工は図面に指示された形状をプログラムするだけですが、荒加工の出来ばえは仕上げ加工時の加工精度に直結するため経験とセンスが問われます。次に、加工工程に基づき使用する切削工具を選定します。加工工程は保有する切削工具の種類も勘案しなければいけません。保有していない場合には購入する必要があるためです。

③刃物台に取り付けるツールレイアウトを決める：刃物台がくし刃形、タレット形にかかわらず、加工に使用できるのは切削工具は1本だけです。つまり、1本の切削工具が加工中、他の切削工具が工作物やチャックに干渉（衝突）してはいけません。比較的突き出し長さが短い外径用バイトと突き出し長さが長い内径用バイトを交互に取り付けるなどの工夫が必要です。バイトの突き出し長さが長いと、切削抵抗によってバイトがたわむため、できるだけ短くすることが大切です。

④工作物をチャックに取り付ける：工作物は「くわえ代とチャック圧」が大切です。くわえ代が短かすぎると不安定で、長すぎると着脱が手間です。

要点BOX
- ●段取り八分、段取り8割
- ●成功するか否かの80%は段取りで決まる
- ●荒加工の出来ばえは経験とセンスが問われる

図1　NC旋盤加工に必要な知識と作業の流れ

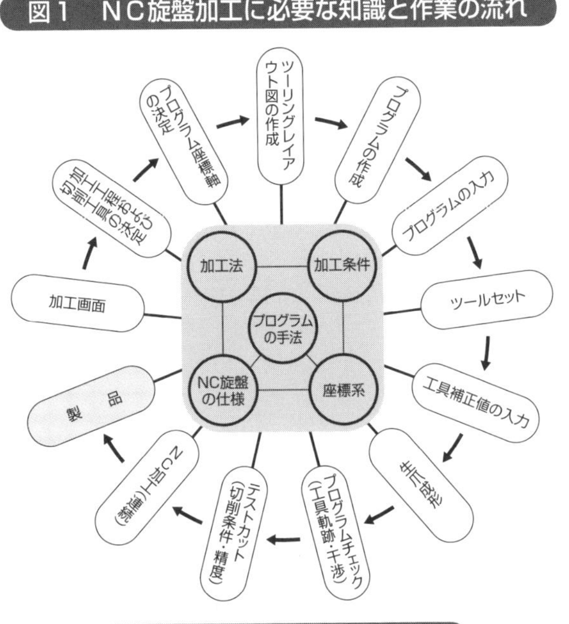

図2　NC旋盤作業の流れ

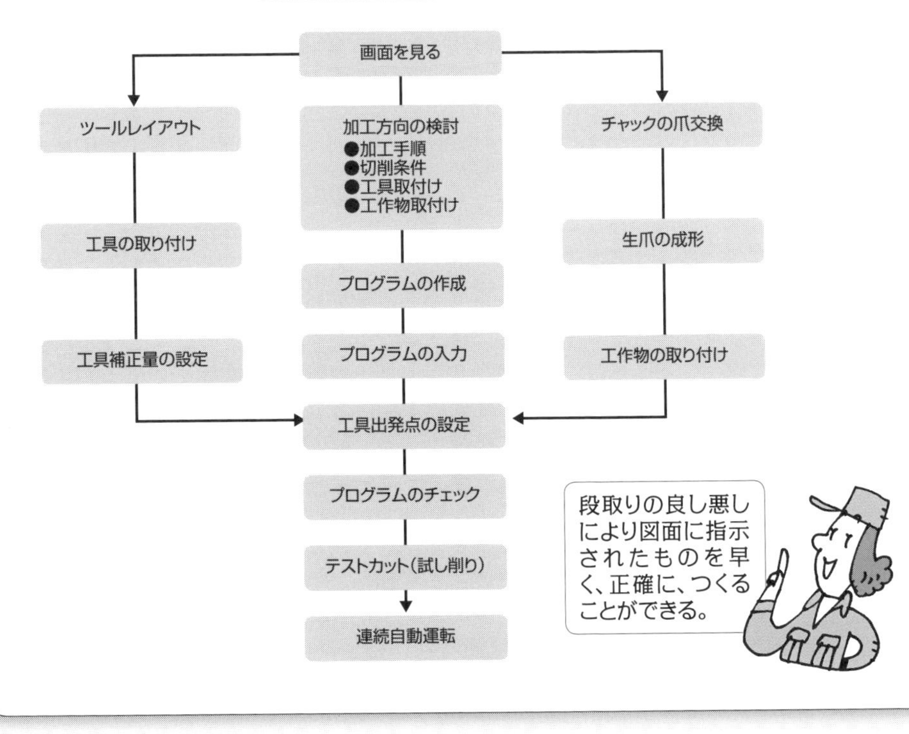

54 バイトとチップ(インサート)の種類

バイトは加工形状に合わせて使い分ける

旋盤加工は回転する工作物にバイト(切削工具)を押し当て、不要な箇所を取り除いて目的の形状をつくります。目的の形状をつくる方法には、①加工する目的の形状に刃先を成形したバイトを押し当てる方法と②バイトを目的の形状に倣うように動かす方法の2つがあります。ハンドルを手動で操作する普通旋盤では①の方法が主流でしたが、NC旋盤では数値制御によって滑らかな動きが可能なため②の方法が多用されています。バイトの種類は加工する形状に合わせて多種あり、溝を加工する突っ切りバイトやねじを加工するねじ切りバイトなどがあります。

もっとも使用頻度が高いのは片刃バイト(外径加工用バイト)で、片刃バイトのチップの形状には円形、三角形、四角形、ひし形、正六角形などがあります。チップの形状によって使用できるコーナの数が異なるため、チップ1個あたりに使用できるコーナの数が多いほど経済性が良いといえます。先端角(チップ先端の角度)は主として35°、55°、60°、80°、90°です。先端角が小さいほど偏狭部の加工が可能になりますが、刃先の強度は低下するため欠けやすくなります。

NC旋盤では片刃バイト1本と形状の違う数種類のチップがあれば、NC制御によってある程度の形状を加工することができます。バイトには「右勝手」と「左勝手」があり、バイトを右手で持ち、親指と同じ方向に主切れ刃が向いていれば「右勝手」、バイトを左手で持ち、親指と同じ方向に主切れ刃が向いていれば「左勝手」です。

NC旋盤で工作物の外周を削る際には、①左勝手のバイトを使用し、チップのすくい面を上に向けて刃物台に取り付け、工作物を逆回転させて削る方法と②右勝手のバイトを使用し、チップのすくい面を下に向けて刃物台に取り付け、工作物を正回転させて削る方法の2つがありますが、現在では①の方法が一般的です。

要点BOX
- ●目的の形状に成形したバイトを使う
- ●目的の形状に合わせてバイトを動かす
- ●コーナの数が多いほど経済性が良い

図1　各種バイトによる加工形状の一例

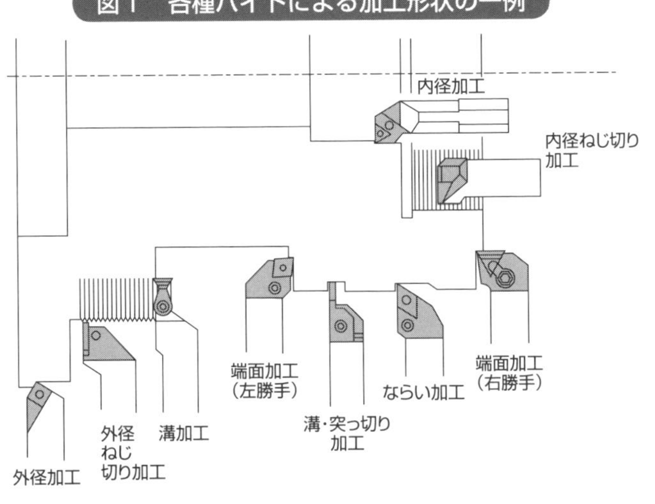

図2　ツーリングシステムの一例

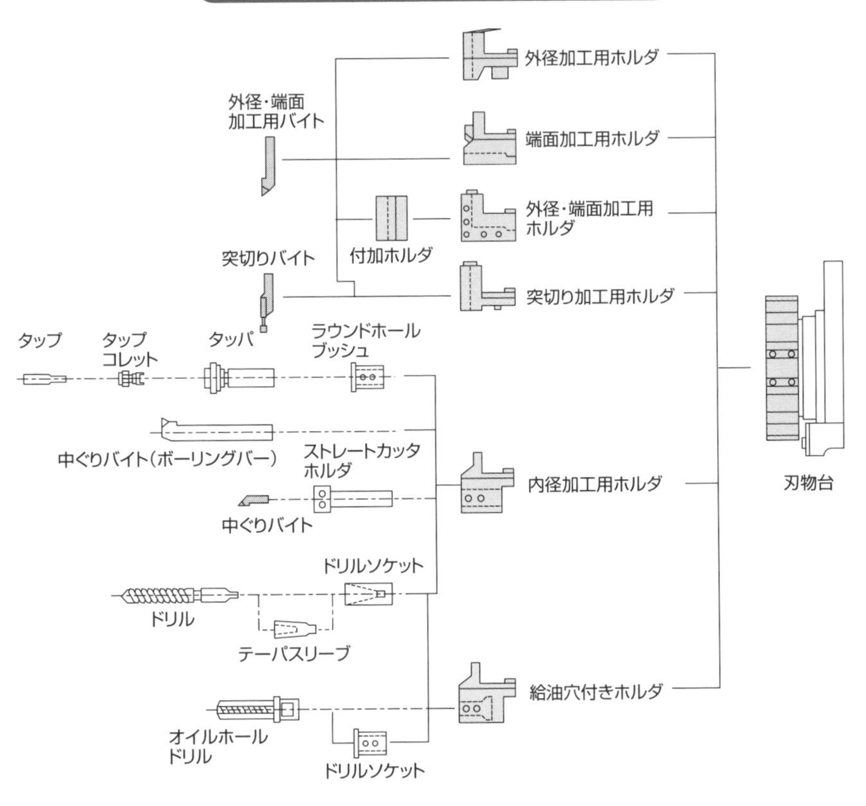

Column

最新の技術動向④

切り欠きチップと両送りチップ

金属を切削加工するチップの先端は800℃以上、2万気圧（1㎠あたり20トン）という高温高圧状態になっています。このためチップは高温でも硬さが低下しない耐摩耗性をもつことが必要です。

スローアウェイチップはねじなど機械的な仕組みによってホルダ（シャンク）に締結しますが、ごみや塵を噛み込み上手く固定されなかった場合や締め付け力が低く、固定力が弱かった場合には、切削中、チップが微小に振動することがあります。切削中チップが振動すると、良好な仕上げ面が得られず、チッピングを誘発し、摩耗も促進します。送り量や切込み深さが大きい重切削を行うときは、とくにチップをしっかりと締結させることが大切です。

近年、チップの振動を抑制するため、チップとホルダ（チップを取り付ける場所）に切り欠きを入れたものが市販されています。このチップとホルダは切り欠きが凹凸関係にあるため、締結力が向上し、通常のチップよりも仕上げ面粗さや工具寿命が向上します。

また最近では、1つのコーナで押し加工（バイトが押し台側から主軸側へ進む加工）と引き加工（バイトが主軸側から心押し台側へ進む加工）の両方が行える両用チップが市販されています。旋盤加工は従来押し加工が主流で、バイトが主軸側へ進んだ後は切削開始点までリターン（空移動）させていました。しかし、押し加工と引き加工の両方が行えることで、バイトをリターン（空移動）させる必要がなくなり生産効率が向上します。

前述した「切り欠きチップ&ホルダ」と、後述した「押し加工、引き加工両用チップ」は最近市販されたものです。歴史が深く成熟したといわれている切削加工（機械加工）もまだまだ改善・改良の余地はありそうです。知恵は無限、ちょっとした工夫が未来の切削加工の標準になるかもしれません。

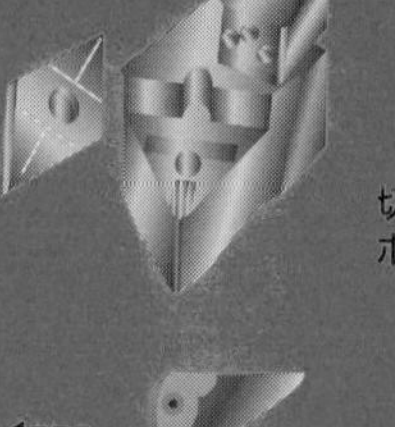
切り欠きチップ&ホルダ

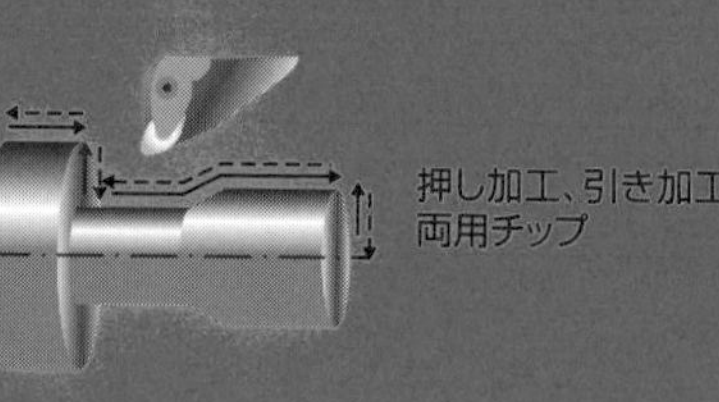
押し加工、引き加工両用チップ

第5章 NC旋盤加工のポイントとノウハウ

55 切削条件の決め方①

切削速度と回転数の関係

　旋盤加工は回転する工作物にバイトを押し当て、不要な箇所を取り除いて目的の形状をつくります。バイトによって削り取られる部分は切りくずとなって排出されますが、切りくずを上手に排出できているか否かが、加工の良否を見きわめるポイントになります。工作物を削る際に使用されるエネルギーの大部分は「切りくずの生成と分離」に消費されるので、機械加工は「切りくずをつくっている」といっても過言ではありません。

　旋盤加工を上手に行うためには(切りくずを上手に排出するためには)、「切削条件」を正しく設定する必要があります。切削条件は①主軸(工作物)の回転数、②バイト(切削工具)の送り速度、③切込み深さの3つです(図1)。

　①主軸の回転数は1分間あたりの主軸の回転数で単位は「min⁻¹」です。従来は単位として「rpm」を使用していましたが、現在では使用しません。主軸の回転数は式①から計算して設定します。式に示すように、計算する際に必要な情報が右辺にある「切削速度」です。切削速度は刃先と工作物が衝突する際の速さ、つまり、バイトの刃先が工作物を削り取る瞬間の速さです。切削速度の単位は「m／min」です。単位からもわかるように、切削速度は1分間あたりの切削距離と考えることができるので、加工能率を示す指標になります。切削速度は工作物の材質とバイトのチップの材質の組み合わせによって標準的な値が決まっているので、私たちが勝手に決める値ではありません。生産現場では切削速度を意識していなかったり、回転数を経験則で決めている場合もありますが、切削速度が正しくなければ上手に工作物を削り取ることはできません。NCプラグラムには回転数を入力しますが、回転数を直接決めるのではなく、適正な切削速度で工作物を削り取るための回転数を決めているというのが正しい考え方です。

要点BOX
- ●機械加工は「切りくずをつくっている」
- ●切削条件は回転数、送り速度、切込み深さ
- ●回転数は切削速度から計算する

図１　切削条件（回転数、送り速度、切込み深さ）

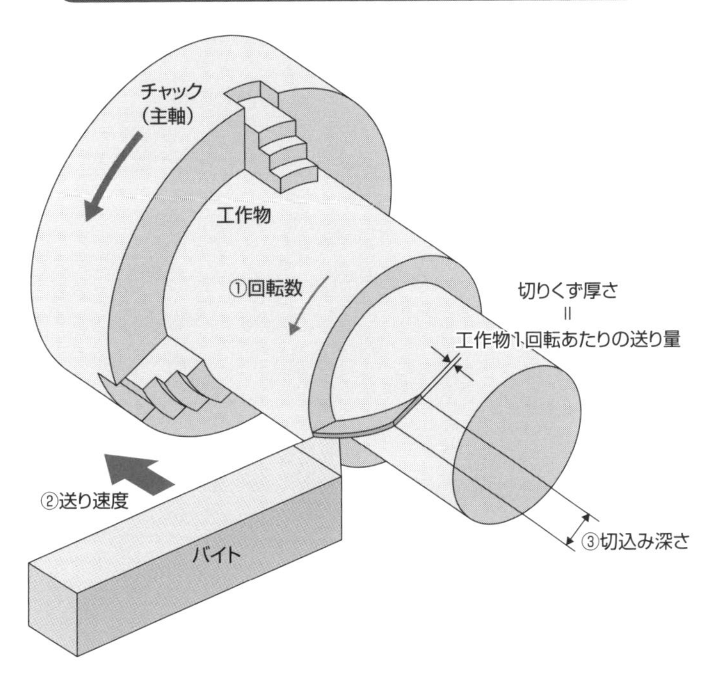

図２　回転数は切削速度から計算する

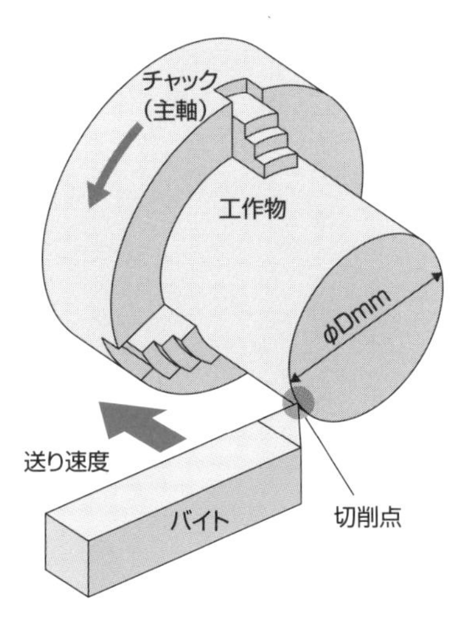

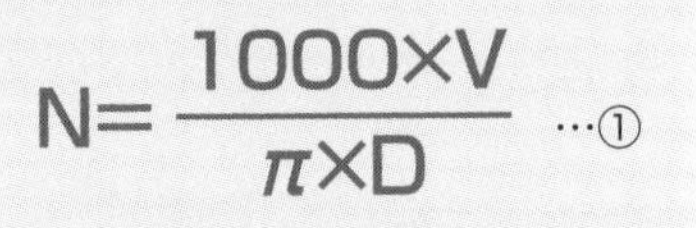

$$N = \frac{1000 \times V}{\pi \times D} \quad \cdots ①$$

N：工作物の回転数（min^{-1}）
V：切削速度（m/min）
π：円周率
D：工作物直径（mm）

主軸の回転数は一定ではなく、加工点の直径に合わせて適宜主軸の回転を調整し、適正な切削速度に保つように意識することが大切。

56 切削条件の決め方②

送り速度と1回転あたりの送り量

旋盤加工の切削条件の2つ目は「バイトの送り速度」です。バイトの送り速度の単位は「mm／min」です。単位から送り速度は「1分間にバイトが移動する距離」と置き換えて考えることができます。式①に示すように、バイトの送り速度は工作物1回転あたりにバイトが移動する距離（1回転あたりの送り量：mm／rev）に、1分間の回転数（min^{-1}）を掛けると計算することができます（図1）。

バイトの先端は鋭く尖っているのではなく、小さな丸みになっています。この丸みをコーナ（またはノーズ）といいます。丸みの大きさは半径で表し、コーナ半径（またはノーズ半径）といいます。半径が大きい先端の丸みは大きくなります。機械加工を行った工作物の仕上げ面（削った跡）は切削工具の刃先を転写した模様になるため、刃先が丸いバイトで削ると仕上げ面は丸い凹凸模様になります。丸い凹凸模様のピッチ（山と山の間隔、谷と谷の間隔）がバイトの「1回転あたりの送り量」になり、山と谷の差が表面粗さの最大高さ粗さ（Rz）に相当します。1回転あたりの送り量を小さくするほど、丸い模様が干渉するため山と谷の差が小さくなり、表面粗さが小さい平坦な面になります。したがって、仕上げ加工では1回転あたりの送り量を小さく設定します。しかし、1回転あたりの送り量を小さくすると、目的の形状を仕上げるまでの加工時間が長くなるため加工能率は低くなります。表面粗さと加工能率は相反する関係になります。1回転あたりの送り量を考えることで、送り量と仕上げ面の凹凸の関係を把握しやすくなります。1回転あたりの送り量、コーナ半径、最大高さ粗さ（Rz）の三者には式②のような関係があります。たとえば、コーナ半径0・4mmのチップを使用して、最大高さ粗さ（Rz）1・6µmの仕上げ面に加工するには、式②を展開し計算すると、1回転あたりの送り量は0・07（mm／rev）になります。

要点BOX
- 送り速度は1回転あたりの送り量が基準
- 山と谷の差が最大高さ粗さ（Rz）に相当する
- 表面粗さから1回転あたりの送り量を計算する

図1　バイトの送り量と送り速度の関係

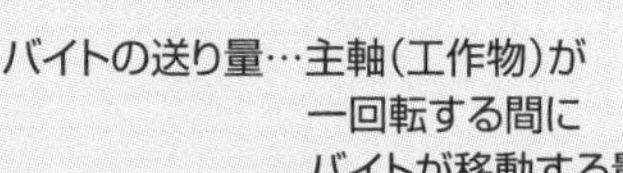

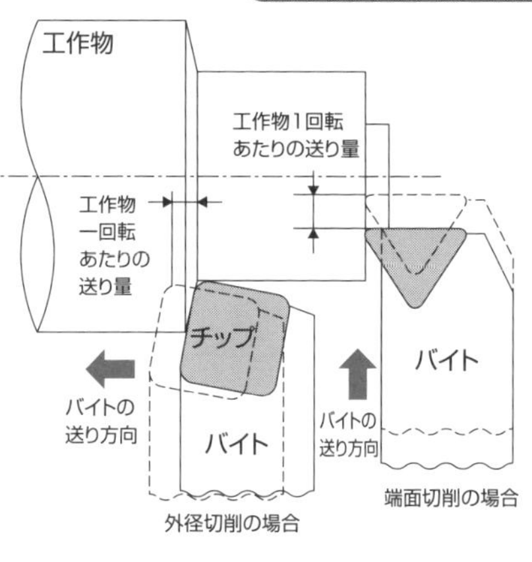

バイトの送り量…主軸(工作物)が
一回転する間に
バイトが移動する量
(mm/rev)

$F(mm/min)=f(mm/rev)\times N(min^{-1})$ …①

F ：送り速度(mm/min)

f ：主軸1回転あたりのバイト送り量
(mm/rev)

N ：主軸 (工作物)回転数(min^{-1})

図２　表面粗さ

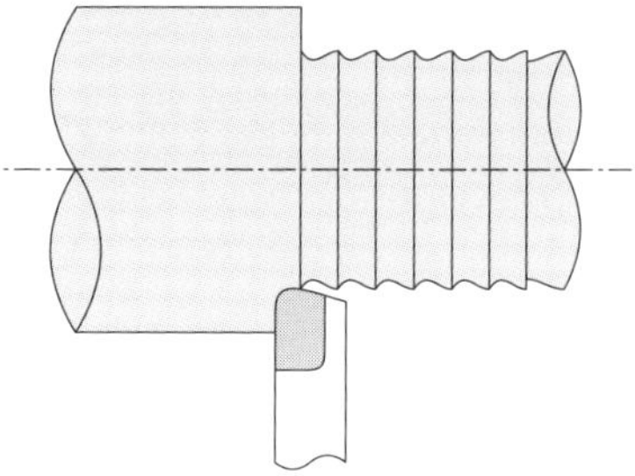

旋盤加工を行った工作物の仕上げ面(削った跡)は切削工具の刃先を転写した模様になる。

図3　工作物1回転あたりの送り量 (㎜/rev)

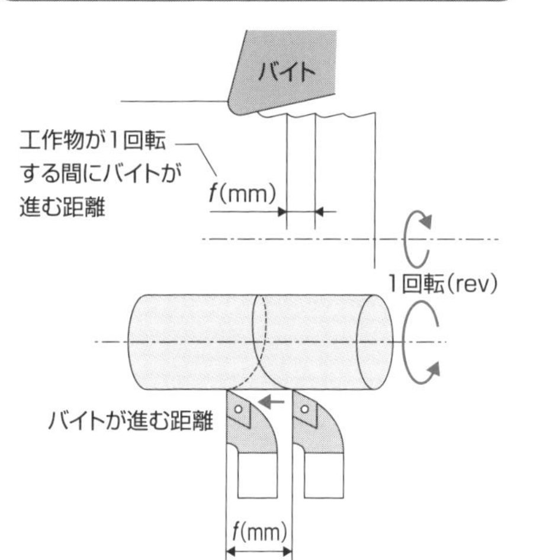

図4　仕上げ面の理論高さ (干渉高さ)

バイトの送り量(mm/rev)

f

工作物

仕上げ面の理論高さ(干渉高さ)

H

r

コーナ半径(mm)

バイト刃先

バイト送り方向

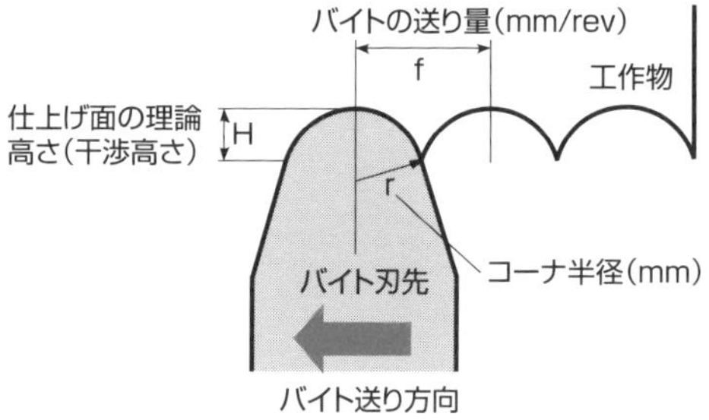

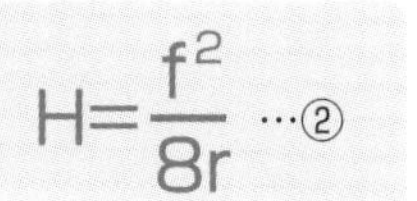

$$H=\frac{f^2}{8r}\quad\cdots②$$

H：仕上げ面の理論高さ(㎜)
f：バイト の 送り量(㎜／rev)
r：コーナ半径(㎜)

57 切削条件の決め方③

最大切込み深さと最小切込み深さ(仕上げ代)

切込み深さはバイトの刃先が工作物に食い込む深さで、通常、単位は「mm」です。旋盤加工でバイトを使って工作物の削り取る際に必要な動力(パワー)のことを「切削動力」といいます。切削動力は式①で計算することができます。一方、NC旋盤の主軸のモータにも動力があり、切削動力は主軸モータの動力を超えることはできません。切削動力がモータの動力を超えると過電流でモータが焼き付きます。

主軸のモータの動力を最大使用したとすると、切込み深さはどの程度になるのでしょうか。たとえば、主軸のモータの動力が7kW、1回転あたりの送り量が0・4mm、切削速度が100m／min、比切削抵抗が2000MPaとすると、切込み深さは5・25mmと計算できます。つまり、切込み深さの最大値(最大切込み深さ)は主軸の動力によって決まります。比切削抵抗は工作物の削りにくさを表す指標で、工作物の材質によって値が変わります。比切削抵抗の値は切削工具メーカのホームページで公開されていますので確認してください。

次に、最小切込み深さです。結論から示すと、最小切込み深さはバイトの刃先(チップ)のコーナ半径に依存します。図3にコーナ半径が同じで、切込み深さが①コーナ半径よりも小さい場合、②コーナ半径と同じ場合、③コーナ半径よりも大きい場合を示します。図から、3つとも同じ大きさの切削抵抗が作用すると仮定し、切削抵抗を切込み不深さ方向と送り方向に分解すると、切削抵抗分力の大きさに違いがあることがわかります。切込み深さ方向に作用する切削抵抗分力は①の場合がもっとも大きく、③の場合がもっとも小さくなります。切込み深さ方向の切削抵抗分力は加工精度に直接影響するため、仕上げ加工では特に小さくしなければいけません。つまり、最小切込み深さ(仕上げ代)は使用するチップのコーナ半径よりも大きくすることがポイントです。

要点BOX
- ●最大切込み深さは主軸の動力に依存する
- ●最小切込み深さは刃先の丸みに依存する
- ●切削抵抗分力の方向を意識する

図1　切込み深さ

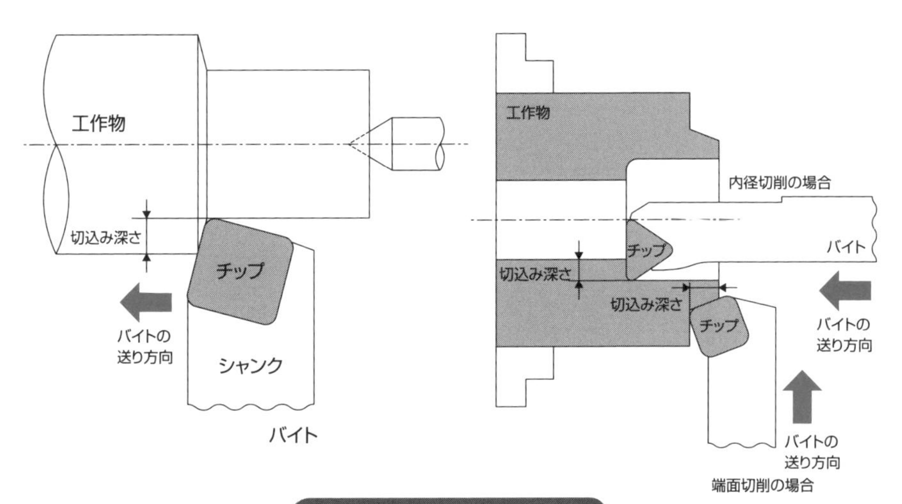

図2　切削動力の計算式

$$Ne=\frac{t\times f\times V\times Ks}{60\times 1000}\quad\cdots①$$

Ne ：切削動力(kW)
t ：切込み深さ(mm)
f ：バイトの送り量
V：切削速度(m/min)
Ks：比切削抵抗(MPa)=(N/mm²)

図3　コーナ半径が同じで、切込み深さが違うときの切削抵抗分力

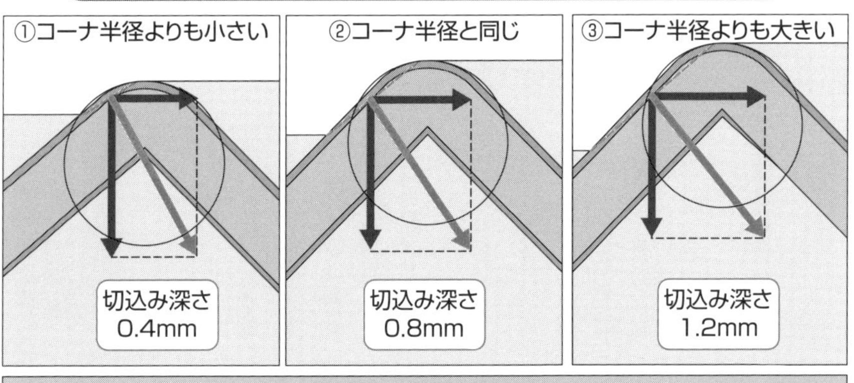

仕上げ代をチップのコーナ半径よりも小さく設定することもできるが、理想的な切削にはならないため仕上げ面がむしれ、きれいにはならない。仕上げ代がチップのコーナ半径よりも小さい場合はコーナが仕上げ面を押しつぶして擦っている状態(バニシ状態)になっていないか注意が必要。

58 表面粗さの理論と実際

理論通りの表面粗さにならない理由

56項で解説したように、旋盤加工した工作物の表面はバイトの刃先の丸みを転写した凹凸形状になります。そして、この凹凸の高さは表面粗さの最大高さ粗さRzに相当し、バイトの刃先丸の大きさ（コーナ半径）と1回転あたりの送り量によって計算することができます。しかし、これは理論的な表面粗さで、実際に加工した後の仕上げ面はこのような規則正しい凹凸にはなりません。図1は旋盤加工した実験結果の例ですが、切削速度が低いほど、1回転あたりの送り量が小さいほど実際の最大高さ粗さ（Rz）の値は理論的な最大高さ粗さ（Rz）の値よりも大きくなり、乖離していることがわかります。

実際の表面粗さはなぜ理論的な表面粗さよりも大きくなるのでしょうか。実際に得られる表面粗さが理論粗さよりも大きくなる主因には①振動（運動誤差）、②工具摩耗、③凝着（構成刃先）、④工作物の塑性流動（削り残し）などがあります。

①私たちは振動の中で生きているといっても過言ではなく、金属加工のように大きな力が作用する場合には振動は大きくなり、ゼロにすることはできません。ただし、振動の種類によっては実際の表面粗さを理論粗さに近づけるものもあり、振動が発生すると表面粗さが必ず悪化するわけではありません（この考えは振動切削として実用化されています）。

②切れ刃に摩耗が生じると、削り残しの原因になり、理論的な凹凸模様を形成できません（図2）。

③凝着は溶解した工作物の一部が刃先に付着する現象で、凝着物が仮想的な刃先を形成することを「構成刃先」といいます。凝着が発生すると、過剰切込みになり、また、脱落した凝着物が仕上げ面に付着します（図3）。

④金属は弾性変形するため、刃先で工作物を削り取る際、本来削り取られる部分の一部が刃先の周辺に盛り上がる現象が生じます（図4）。

要点BOX
- ●実際の表面は規則正しい凹凸模様にならない
- ●実際の加工ではさまざまな現象が発生する
- ●理論に近づける努力が大切

図1　実際の表面粗さと理論粗さの例

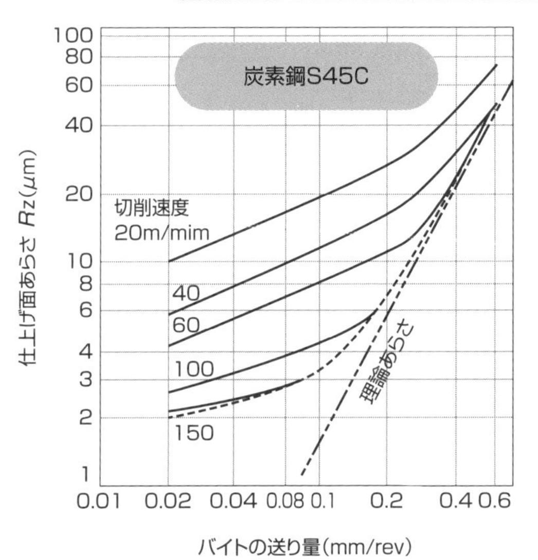

図2　工具摩耗による削り残しの例

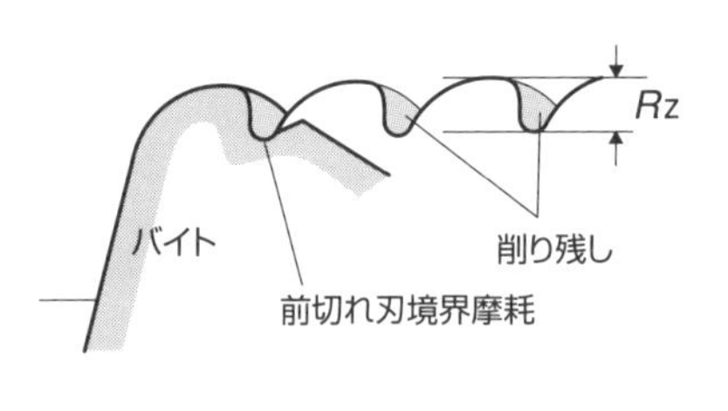

図4　工作物の弾性変形による削り残しの例

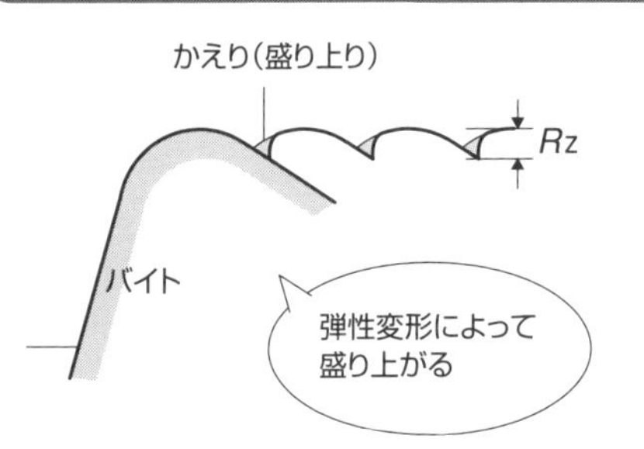

図3　凝着による過剰切込みの例

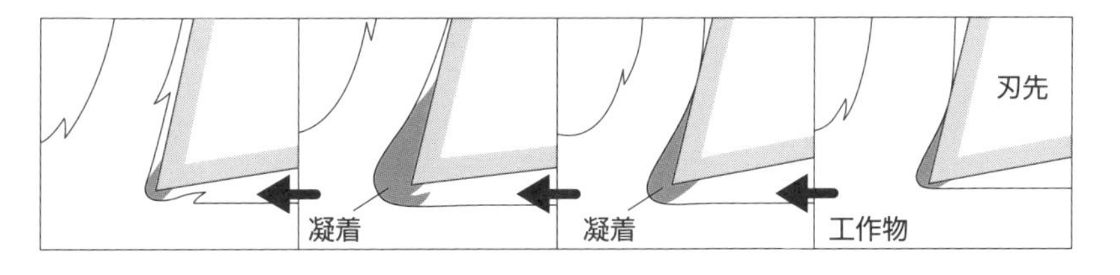

◉凝着は成長し、脱落する。凝着が脱落することによって刃先が摩耗することを「凝着摩耗」という。

59 境界摩耗の抑制方法

境界摩耗を抑制するいろいろな方法

旋盤加工はフライス加工のようにバイト（切削工具）が回転しないため、チップの刃先は常に工作物に接触しています。このような切削形態を「連続切削」と呼びます。連続切削はチップの先端に熱が溜まるため、工具寿命が短くなります。とくにチップと工作物の表面が接触する境界部分の摩耗（境界摩耗）が激しくなります。鉄鋼材料は黒皮（黒さび）の状態が多く、黒皮は内部よりも硬いため、最初の切削では①黒皮と接触する部分、2回目以降の切削では工作物の表面は加工硬化（切削熱や切削抵抗によって加工変質層が生じ、表面が硬くなる現象）によって内部よりも硬いため、②工作物表面が接触する部分、切削油剤を供給するときは切削油剤が当たりやすく、③熱の高低差が大きくなる部分が境界摩耗の主因です（図2）。

境界摩耗を抑制する方法には、主として①チップに対する負荷を減らす方法と、②工作物の表面と接触するチップの位置を変える方法の2つがあります。

①チップに対する負荷を減らす方法：「横切れ刃角の大きいチップを使用する」のが有効です。図1に示すように、横切れ刃角の大きいチップは切削に作用する切れ刃（工作物を削り取る切れ刃）が長くなり、切れ刃に作用する単位長さあたりの切削抵抗が小さくなるため境界摩耗を抑制することができます。

②工作物の表面と接触するチップの位置を変える方法：「1パスごとに切込み深さを変えて加工すること」や「テーパ加工と直線加工を交互に行う」、「押し加工と引き加工を交互に行う」などがあります。

また、境界部分の負荷を減らす方法には「1パスごとに1回転あたりの送り量を変えて加工する」ことも有効です。

押し加工と引き加工を交互に行う加工は通常の加工に比べてエアーカットする時間が短く、サイクルタイムの短縮にも効果的です（図3）。

要点BOX
- ●工作物の表面と接触する部分が摩耗する
- ●工作物の表面は硬い
- ●境界摩耗を抑制する工夫をする

図1　横切れ刃角と切取り深さの関係

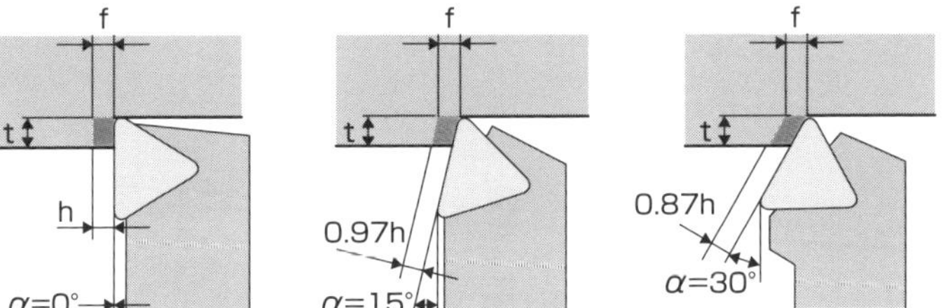

横切れ刃角の大きいチップは切削に作用する切れ刃が長くなり、かつ、切取り厚さが薄くなるため境界摩耗を抑制することができる。

t　：切込み深さ(mm)
f　：バイトの送り量(mm/rev)
h　：切取り厚さ(mm)
α　：横切れ刃角

図2　境界摩耗の発生原因の一例

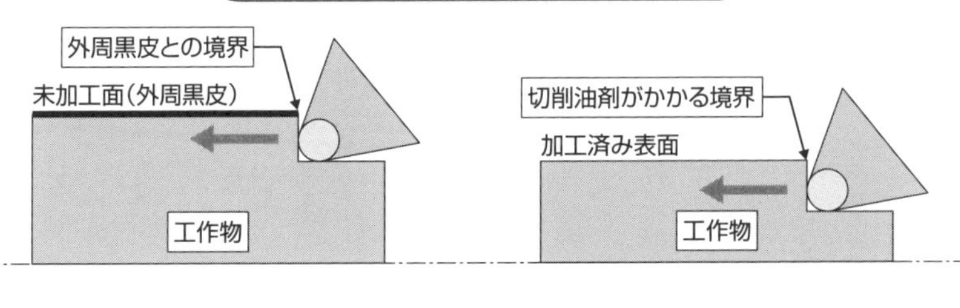

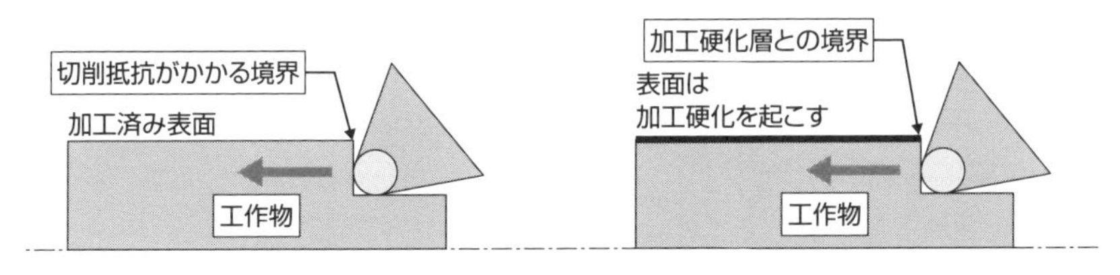

図3　押し加工と引き加工を交互に行う加工の一例

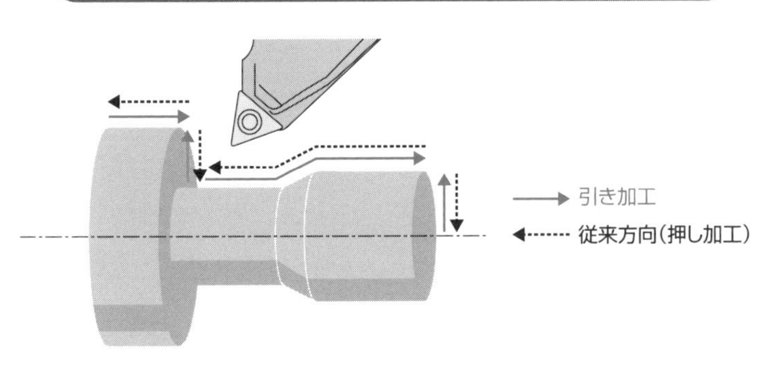

60 切りくずを長く繋がらせない方法

切りくずを短く適正に折断することが大切

旋盤加工はバイトが回転せず、チップの刃先は常に工作物と接触する連続切削です。このため、切りくずは長く繋がりやすくなります。切りくずが長く繋がると取り除く必要があり、自動化の阻害要因になります。また、回転する工作物に絡みつくと仕上げ面にキズを付けます。切りくずによってケガをする確率も高くなるでしょう。旋盤加工では切りくずを短く適正に折断することが大切です。切りくずを折断する方法には以下のようなものがあります。

①チップブレーカを使う：チップブレーカはチップのすくい面上にほどこされた窪みや凹凸のことで、切りくずを分断する働きをします。チップブレーカはどのような切削条件でも切りくずを分断できるわけではなく、チップブレーカの形状や種類に適した切削条件を設定する必要があります。

②工作物1回転あたりのバイトの送り量を大きくする：切りくずを厚くすると切りくずは折断されやすくなります。旋盤加工では切りくずの厚みは工作物1回転あたりのバイトの送り量に依存するため、工作物1回転あたりのバイトの送り量を大きくすると切りくずが厚くなり、切りくずが折断されやすくなります。

③NCプログラムによる対策：ステップ送りやドウェルなどを使用し、瞬間的に切削を停止させ、断続切削にすることで切りくずを分断することができます。突っ切りバイトを用いた溝加工でステップ送りを使用し、切りくずを折断することを外径加工や内径加工にも適用します。近年では低周波振動によって切りくずを分断する技術があります。

④高圧クーラントによる対策：7MPa以上の高圧に圧縮されて切削油剤を切削点へ供給することにより、粘り強い材料でも切りくずを細かく分断できます。高圧クーラントは切削点の冷却効果も高いため、切削速度を高くでき、工具寿命も長くなります。

要点BOX
- ●切りくずは自動化の阻害要因
- ●チップブレーカの形状に合った切削条件を設定
- ●高圧クーラントは効果的なアイテム

図1　各種切削加工における切りくず処理問題の割合

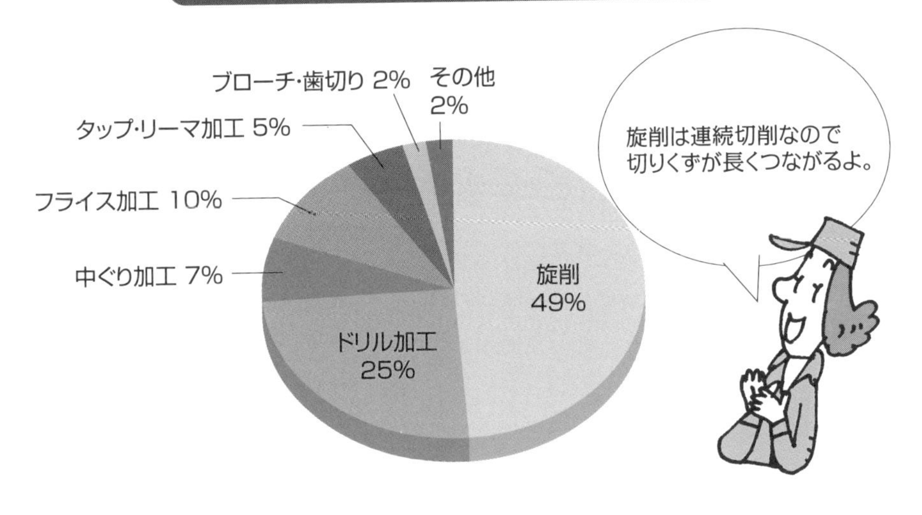

図2　チップブレーカの作用と切りくずの形状

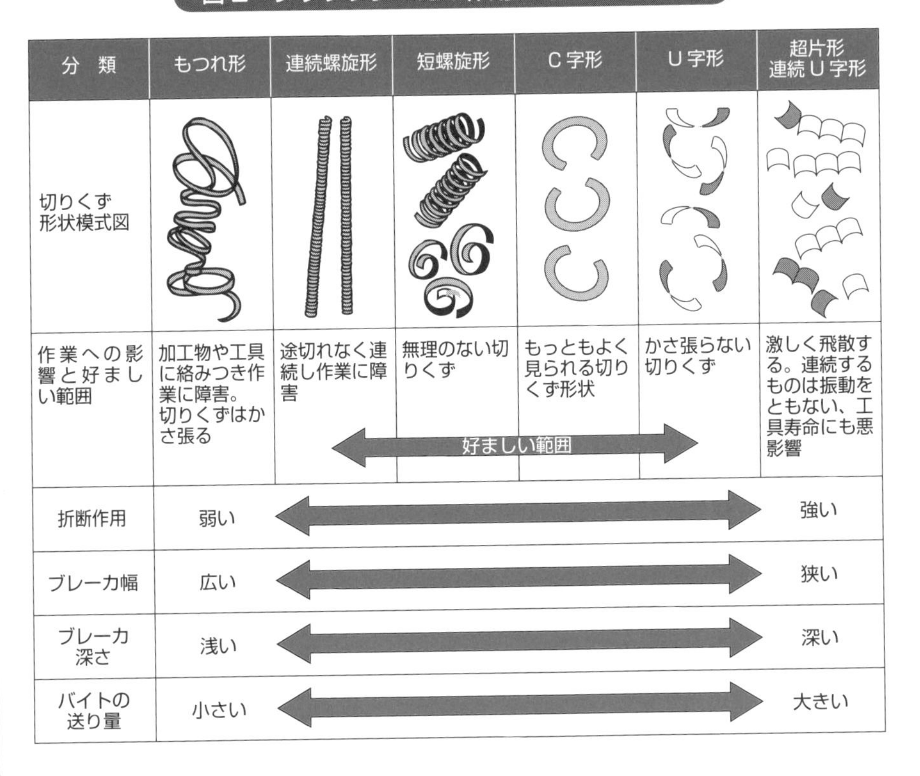

分　類	もつれ形	連続螺旋形	短螺旋形	C字形	U字形	超片形 連続U字形
切りくず形状模式図						
作業への影響と好ましい範囲	加工物や工具に絡みつき作業に障害。切りくずはかさ張る	途切れなく連続し作業に障害	無理のない切りくず	もっともよく見られる切りくず形状	かさ張らない切りくず	激しく飛散する。連続するものは振動をともない、工具寿命にも悪影響
			← 好ましい範囲		→	
折断作用	弱い	←			→	強い
ブレーカ幅	広い	←			→	狭い
ブレーカ深さ	浅い	←			→	深い
バイトの送り量	小さい	←			→	大きい

61 細くて長い工作物のびびり抑制方法

びびりは永遠の課題

「びびり」が発生する主因の1つは背分力(工作物の軸方向に対して垂直方向に作用する切削抵抗)です。背分力によって工作物がたわみ、たわんだ工作物が元に戻ろうとする現象が繰り返されるため「びびり」が発生します。びびりの発生要因は「背分力」と「工作物のたわみ」です。言い換えれば、「背分力を小さくするか」、「背分力が作用しても工作物がたわまないようにすれば、びびりを抑制することができます。

背分力を小さくする方法は切込み深さを小さくする、チップのすくい角(ブレーカ)を大きくするなどがあります。ただし、切込み深さを小さくすると加工能率が低下します。加工能率を維持したままびびりを抑制するには「背分力と相対する力を作用させ、背分力を打ち消す」という考え方もあります。たとえば、上下2つの刃物台をもった機種では、上下同じ背分力が作用する切削条件で切削することで背分力を打ち消し、びびりを抑制できます(図2)。また、チップの刃先を適正に成形すると、背分力を打ち消すことも可能です。背分力が作用する向きを工作物の軸方向に向けるのもポイントです。

細くて長い工作物は軸方向と直角方向にはたわみやすいですが、軸方向は剛性は強いため、背分力を受け止めることができます(図3)。力の大きさだけでなく、向きを考えることが大切です。背分力が作用しても工作物がたわまないようにするという考え方もあり、工作物の剛性を確保したツールパスで加工することも有効です。外径切削の場合、通常切込み深さを一定にして往復運動を繰り返して切削しますが、たとえば、テーパ加工のように斜めに加工することで、工作物の根元の剛性を維持することができます。「振れ止め」を使うのも一つでしょう。バイトの送り量を大きくし、工作物のたわみが戻らない状態で切削する方法も考えられます。

要点BOX
- ●びびりの発生要因は背分力と工作物のたわみ
- ●力の大きさだけでなく向きを考えることが大切
- ●工作物の剛性を確保したツールパスを考える

図1　びびりの発生原因と解決方針

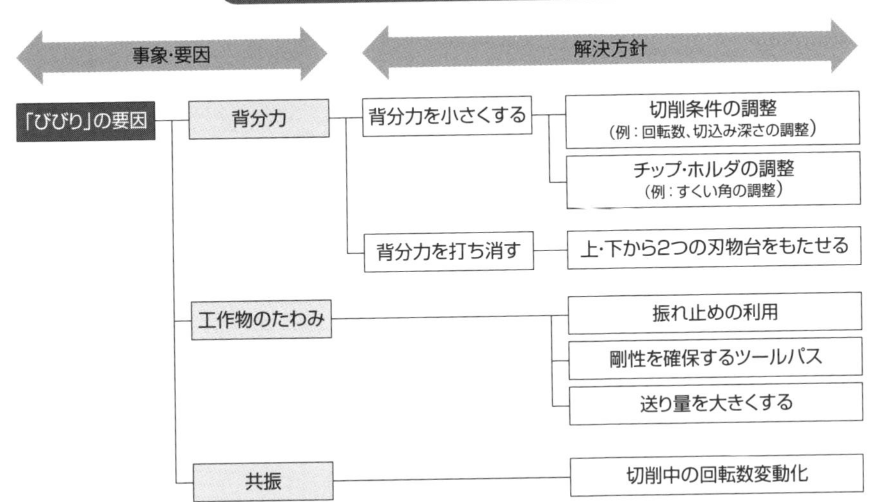

※共振は工作物の固有振動数に依存するため工作物の回転数を変えることで抑制できる。

図2　びびり抑制方法の一例

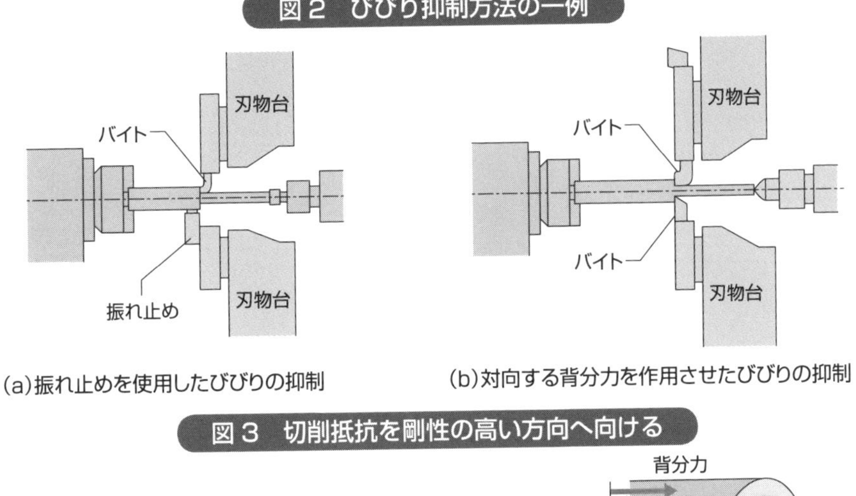

(a)振れ止めを使用したびびりの抑制　(b)対向する背分力を作用させたびびりの抑制

図3　切削抵抗を剛性の高い方向へ向ける

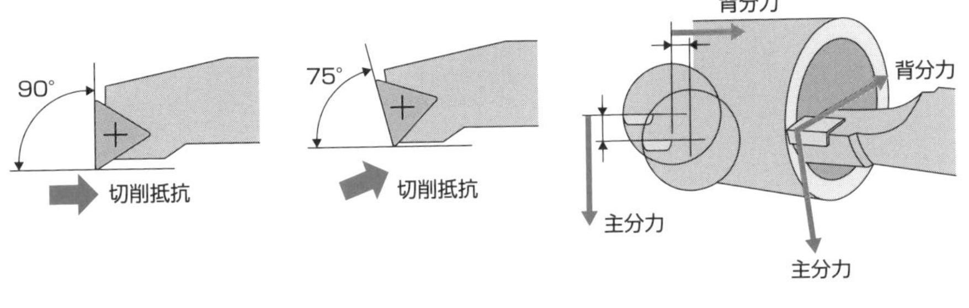

62 切りくずを価値ある財産にする方法

切りくずは貴重な財産

機械加工は工作物の不要な箇所を取り除き、目的の形状をつくる加工です。不要な箇所は切りくずになるため、削り取る部分（体積）が多いほど切りくずの量が増えるため無駄が多くなります。通常、切りくずは産業廃棄物として処理されるので処分料も発生します。しかし、切りくずを適正に処理することで、切りくずをお金（財産）に変えることができます。パラダイムチェンジが大切です。

私たちがゴミを分別するように、切りくずを廃棄物業者に引き取ってもらう条件として、「切りくずの材質が混在しないこと」は当たり前ですが、切りくずに価値を付け、高く売却する工夫には以下のようなものがあります。

①切りくずが細かく分断されている：切りくずが長く繋がっていると処分する際に危険で、取り扱いが面倒なため価値が上がりません。言い換えれば、切りくずが細かく分断されていることで価値を高くすることができます。細かく分断された切りくずをつくるためにはチップブレーカが機能する適正な切削条件で削ることが第一です。また、切粉破砕機を使用するのもよいでしょう。

②切りくずに付着した油水分を取り除く：切りくずに油水分が付着し、湿った状態では焼却時の燃焼効率が悪くなるため価値が下がります。油水分を取り除くことによって価値が上がります。油水分を取り除く方法には、遠心分離機や乾燥機を使用する方法がありますが、パレットを傾けて天日干しをするだけでも効果があります。お金をかけないアイデアが大切です。

③切りくずをペレット状（一定の大きさ）に圧縮する：ペレット状（一定の大きさ）に圧縮する方法には、圧縮機を使うのが有効です。切りくずをペレット状にすることで体積を小さくでき、取り扱いが簡便になり、運搬作業が楽になるため価値が上がります。

要点BOX
- 切りくずに価値を付け売却する
- 切りくずを天日干しする
- 切りくずの価値を見出す

図1　チップブレーカを使って切りくずを折断する

図2　切りくずの価値を見出す方法

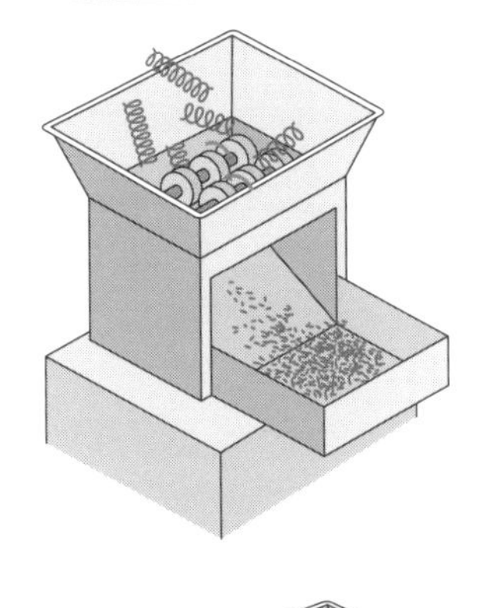

切りくずを粉砕することにより容積を1/2～1/10に減らすことができ、搬送、保管コストを減らすことができる。また、圧縮機でペレット状にプレスすることにより、リサイクルしやすくなり、価値が生まれる。

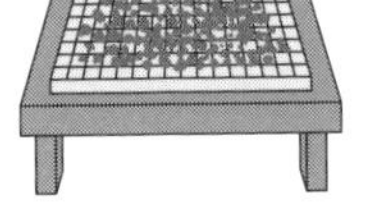

切りくずの乾燥

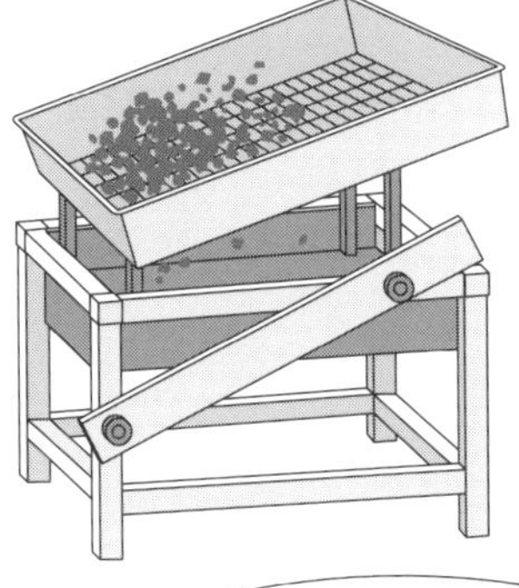

水溶性切削油剤は切りくずとの付着性が高いため、切りくずによる切削油剤の持ち出しが課題となる。最近では切削油剤が付着したままの切りくずを投入すると切削油剤を自動的に分離し、切りくずを圧縮成形する装置も市販されている。

切りくずは「屑(ゴミ)」ではなく、価値を高め、財産に変わります。切りくずの価値を見直すことが大切です。

63 びびり周波数の計算方法

びびりの周波数を知ることが大切

切削中に「びびり」が発生した場合、仕上げ面には「びびり痕」が発生します。仕上げ面に発生したびびり痕から「びびりの周波数f」を求めることができます。

計算したびびりの周波数fが旋盤の本体装備や周辺装置の固有振動数と一致しない場合には切削時の旋盤の動特性と切削現象の兼ね合いにより発生するものと考えられ、びびりを抑制するのは困難な場合が多いです。

図1～3に外径切削において、びびりが発生した場合の仕上げ面の概念図を示します。

①びびり痕の間隔から周波数を計算する方法：円周方向に発生したびびり痕の間隔をLとすると、びびりの周波数fは式①で表すことができます。fはびびりの周波数（Hz）、Vは切削速度（m／min）、Lはびびりの間隔（mm）です。切削速度V（m／min）は1分間あたりに切削する距離と考えることができるので、1分間あたりの切削距離V（m／min）を「ビビリマークの間隔L（mm）」で割ると、1分間あたりのびびりの回数が計算できます。びびりの周波数fは1秒間あたりのびびりの回数ですので、「1分間あたりのびびりの回数」を60で割ると、びびりの周波数fを求めることができます。

②びびり痕の個数から周波数を計算する方法：図4のように、仕上げ面の1つの円周上に発生したびびり痕の個数をnとすると、びびりの周波数fは式②のようになります。nは1つの円周上に発生したびびり痕の個数（個）、Nは主軸回転数（min^{-1}）です。仕上げ面の1つの円周上に発生したびびり痕の個数nに主軸回転数Nを掛けることにより、「1分間当たりのびびりの個数（回数）」を計算することができます。1分間当たりのびびりの個数（回数）を60で割ることにより、1秒間当たりのびびりの個数（回数）、つまり「びびりの周波数f」を求めることができます。

要点BOX
- ●びびりの周波数を知る
- ●びびりの周波数はびびり痕の間隔から計算可能
- ●びびりの周波数はびびり痕の個数から計算可能

図1　強制びびりの概念図

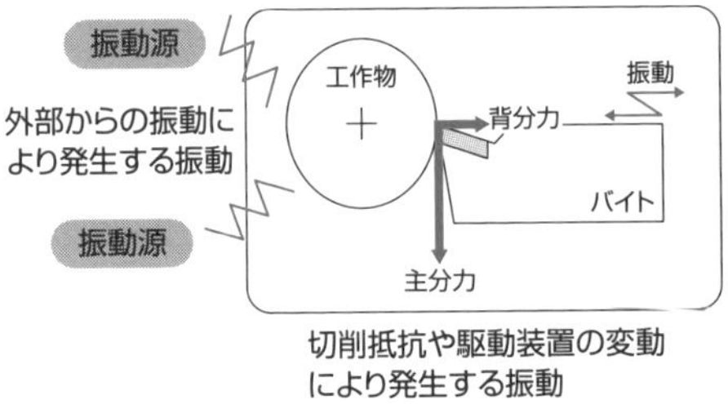

振動源
外部からの振動により発生する振動
振動源
工作物
振動
背分力
バイト
主分力
切削抵抗や駆動装置の変動により発生する振動

図2　自励びびりの概念図

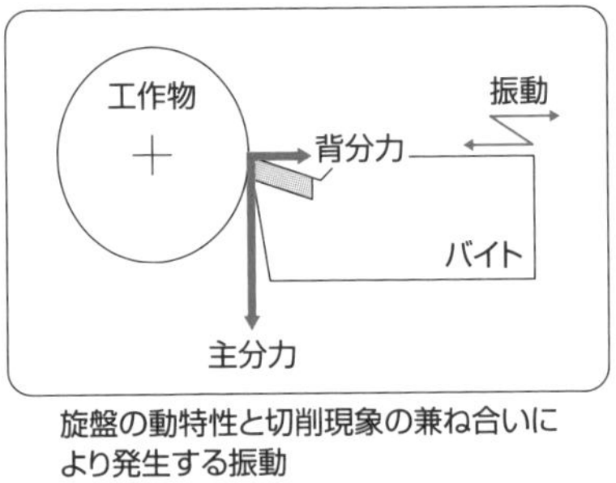

工作物
振動
背分力
バイト
主分力
旋盤の動特性と切削現象の兼ね合いにより発生する振動

図3　再生びびりの概念図

前回の切削時の削り跡
切りくず
振動
背分力
バイト
今回の切削時の削り跡
主分力
切りくず
180°

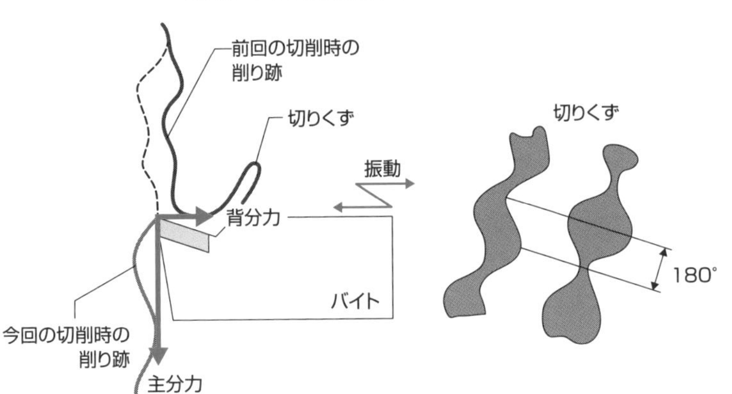

図4　びびり痕から周波数を求める方法

n
4
3
2
1
0
工作物
1つの円周上に発生したびびり痕の個数：n
びびり痕の間隔：L
びびり痕

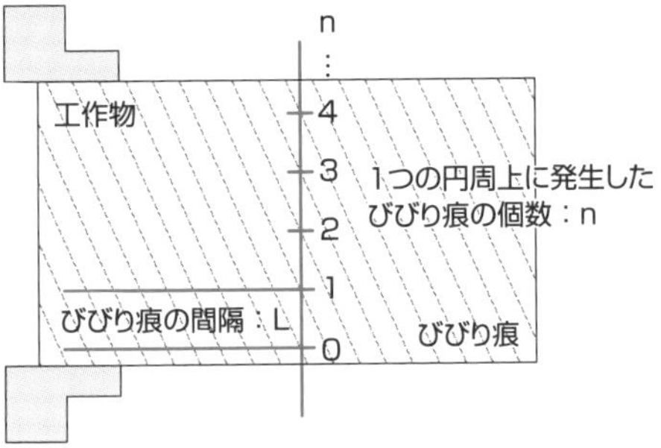

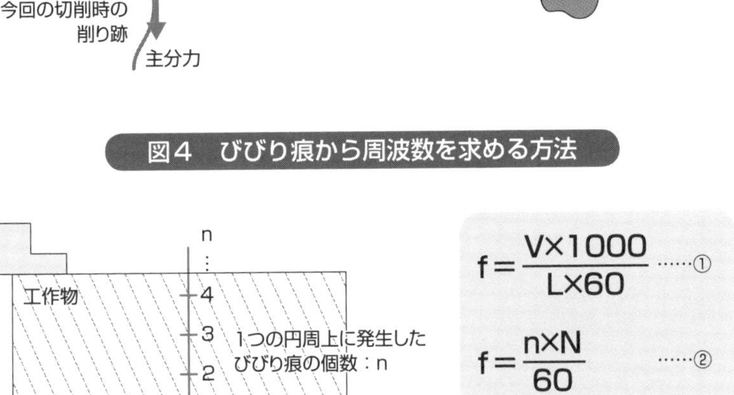

$$f=\frac{V\times 1000}{L\times 60} \quad \cdots\cdots ①$$

$$f=\frac{n\times N}{60} \quad \cdots\cdots ②$$

f：びびりの周波数(Hz)
V：切削速度(m/min)
L：びびり痕の長さ(mm)
n：円周上にあるびびり痕の個数(個)
N：主軸回転数(min^{-1})

64 びびりの振幅と周波数の関係

仕上げ面に現われるびびりの周波数

びびりは振動の一種で、加振力（切削抵抗・主として背分力）によって発生します。

びびりを発生させる加振力F（主として、切削抵抗の背分力）、びびりの大きさ（振幅A）、びびりの発生回数（周波数f）の三者には式①のような関係があり、力Fは振幅Aと周波数fの2条の積に比例します。たとえば、背分力が変動せず一定とした場合、力Fが一定となるので、振幅Aと周波数fは相反する関係を示すことになります。つまり、Fが一定の場合、周波数fが高くなれば振幅Aは急激に小さくなり、反対に周波数fが低くなれば振幅Aが急激に大きくなります。具体的には周波数fが10倍になれば振幅Aは1／100倍になり、周波数fが1／10倍になれば振幅Aは100倍になります。

切削時に周波数100Hzのびびりが発生した場合、その振幅は0・1μm程度になります。一般的な旋盤加工で得られる仕上げ面の表面粗さは通常Ra6・3～0・8μm程度で、最良でもRa0・1μmが限界です。すなわち、仕上げ面粗さとびびりの振幅が同程度の大きさであるため、周波数100Hz程度のびびりが発生した場合には、その振幅がびびり痕として外観に表れます。一方、周波数1kHzのびびりが発生した場合、その振幅は10nm程度です。一般的な旋盤加工で得られる仕上げ面の表面粗さと比較して10nmはきわめて小さな振幅となりほとんど無視できるため、周波数1kHzのびびりはびびり痕として外観に現れることはありません。周波数10Hzのびびりが発生した場合には振幅は0・01mm程度になります。振幅0・01mmというびびりは一般的な旋盤加工で得られる仕上げ面粗さよりも大きく、粗さというよりは真円度（形状精度）に影響する領域で、楕円や花びら状に切削する成分になります。びびりの振幅Aと周波数fには密接な関係があり、一般的な旋盤加工で影響するびびりの周波数はおおむね100Hz程度です。

要点BOX
- 100Hz程度のびびりが仕上げ面に現れる
- 1kHz程度のびびりは仕上げ面に現れない
- 10Hz程度のびびりは形状精度に影響する

図1 「変位Y」、「速度V」、「加速度a」の関係

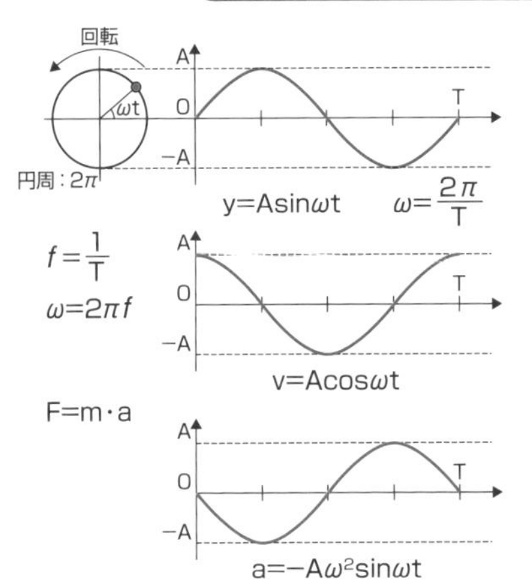

振動を発生させる力Fは
m(質量)×a(加速度)で求めることができる。

F=m×a

すなわち

F=m×(−Aω²sinωt)

と書き換えられる。切削抵抗Fが一定の場合、

周波数fが高くなるほど、振幅Aは急速に小さくなる。

周波数fが10倍になれば、振幅Aは1/100になる。

$$F=m\times[-A\times(2\pi f)^2\times\sin(2\pi f)t] \quad \cdots①$$

図2 振動と人間の感覚

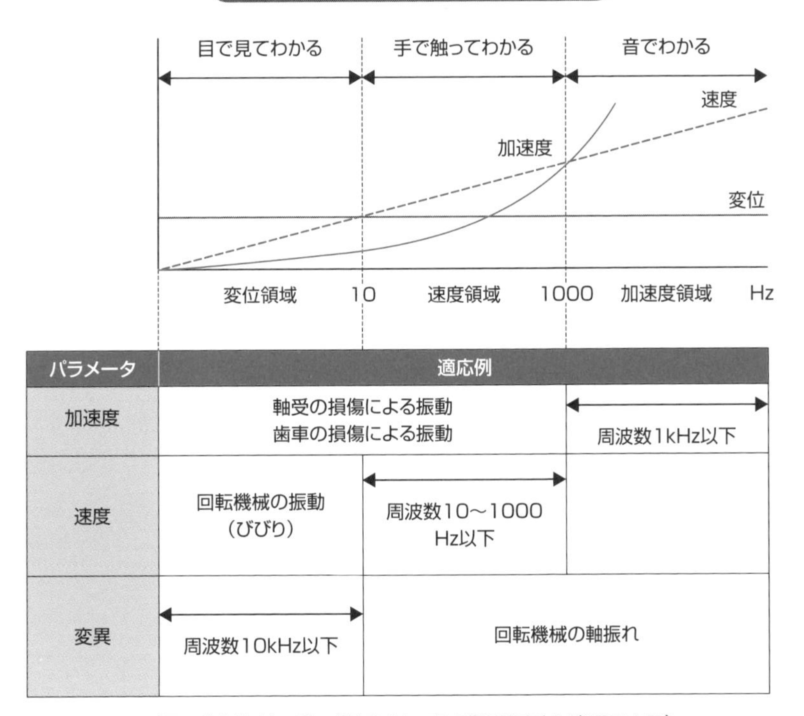

パラメータ	適応例		
加速度	軸受の損傷による振動 歯車の損傷による振動		←→ 周波数1kHz以下
速度	回転機械の振動 (びびり)	←→ 周波数10〜1000Hz以下	
変異	←→ 周波数10kHz以下	回転機械の軸振れ	

(目で「変位」を、手で「速度」を、音で「加速度」を確認できる)

65 工具寿命の管理

VT線図の見方

VT線図は使用限度の摩耗に至るまでの切削時間(工具寿命)Tと切削速度Vの関係をグラフ化したものので、VT線図によって切削工具の性能を評価することができます。

図1にVT線図の見方を示します。図に示すように、「n」が傾きの度合いを示し、その値が大きいほど傾きが大きくなります。「n」にマイナスが付いているのでグラフの「傾き」は右下がりになります。「C」が切片を示し、その値が大きいほど切片が大きくなります。傾きnは「切削速度の変化量に対する工具寿命の変化率」を意味します。

たとえば、図2に示すように、2つのチップ(切削工具)AとBのnを比較した場合、AはBよりも値が大きく、傾きが大きいことがわかります。すなわち、AとBの両者の切削速度を同じ値に高くした場合、AはBに比べ工具寿命の短縮割合が小さく、切削速度の変化量に対して工具寿命の変化率が鈍感であるといえます。

一方、BはAに比べ、工具寿命の短縮割合が大きく、切削速度の変化量に対して工具寿命の変化率が敏感であるといえます。言い換えれば、Aは切削速度を高くしても工具寿命がほとんど変化しない(若干短くなる)反面、Bは切削速度を高くすると工具寿命が急激に変化する(短くなる)ということになります。したがって、AはBよりも切削性能が優れていると評価できます。これがVT線図における傾き「n」の見方です。

次に、図3にVT線図における「C」の意味を示します。図に示すように、VT線図における切片Cは「工具寿命を1分間とした場合の切削速度」を意味します。図から切片Cを比較した場合、AはBよりも大きいです。すなわち、工具寿命を同じとした場合、AはBよりも高い切削速度で切削できることになり、AはBよりも切削性能が優れていると評価できます。

要点BOX
- ●傾きnは工具寿命の変化率を表す
- ●切片Cは工具寿命を1分間とした場合の切削速度を表す

図1　VT線図の見方

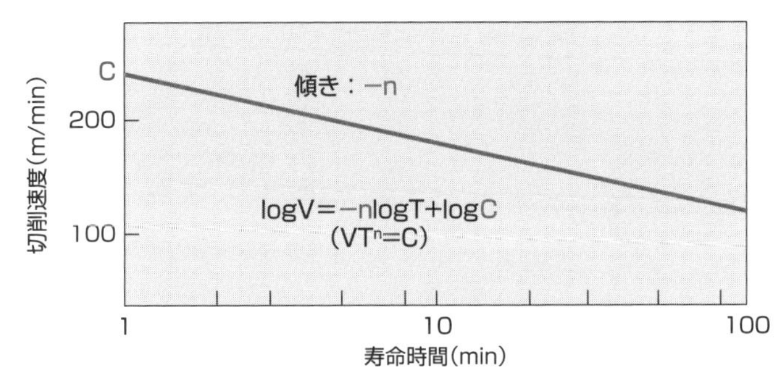

図2　VT線図における「n」の見方

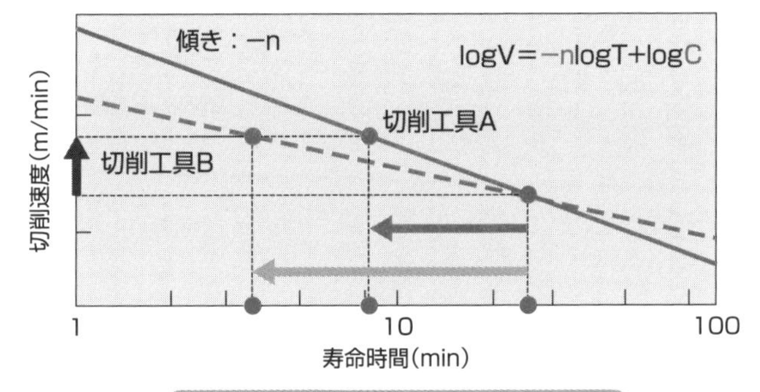

nの値が大きいほど、傾きが大きくなる

※傾きが大きいほど、切削速度の変化に対する寿命時間の変化率が小さくなるため、切削工具としての特性が優れている

図3　VT線図における「C」の見方

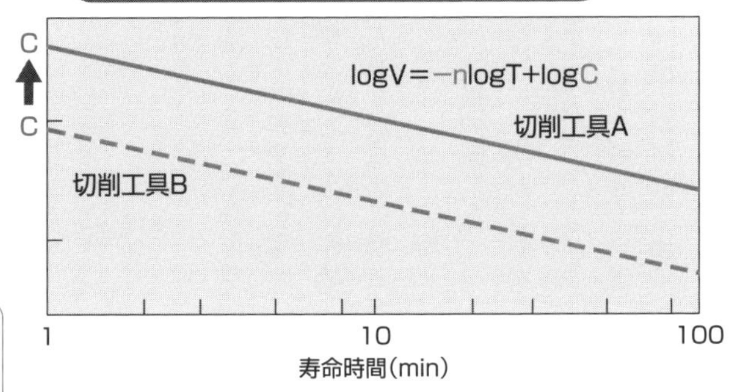

C: 工具寿命を1分間とした場合の切削速度

※Cの値が大きいほど高い切削速度で加工できる

VT線図の傾き「n」と切片「C」の意味を理解すればVT線図を使用して切削工具の特性を比較評価することができる。

66 工具摩耗が極小になる切削速度

摩耗が極小になる切削速度を見つける

世の中に摩耗しない刃物はないように、切削工具(チップ)も摩耗します。切削工具は使用時間の経過とともに刃先が劣化する「摩耗」と使用時間にかかわらず、突発的に刃先に不具合が生じる「損傷」に大別されます。摩耗の形態は主として①すくい面摩耗、②逃げ面摩耗、③境界摩耗の3種類があります。「すくい面摩耗」は高温の切りくずがすくい面を流出することによって、すくい面の成分が持ち去られ、すくい面上にくぼみが生じる摩耗です。切削熱が高く、粘りのある材料を削ったときに発生しやすくなります。「逃げ面摩耗」は切削時、逃げ面は工作物と接触する面で、工作物の回転方向に擦れることによって生じる摩耗です。切削熱が高く、硬さ材料を削ったときに発生しやすくなります。一般的には逃げ面摩耗幅が0・2または0・4㎜になるとチップ交換の目安といわれています。「境界摩耗」は逃げ面摩耗の一種で、工作物の表面が接触する箇所に局所的に発生する摩耗です。境界摩耗は硬い鋳物や表面部が加工硬化した材料(ステンレス鋼)などを削ったときに生じやすくなります。

摩耗の主因は切削速度(切削点温度)で変わり、切削速度が低い領域では凝着の脱落とともに刃先が摩耗する「凝着摩耗」が支配的になり、切削速度が高い領域では工作物と切削工具が化学反応して刃先が摩耗する「拡散摩耗」が支配的になります。機械的摩耗は切削速度の影響を受けません。このため、実際の摩耗速度は凝着摩耗、拡散摩耗、機械的摩耗を足したものになります(図2)。したがって、図からわかるように、実際の摩耗速度が小さくなる(摩耗の進行を遅らせる、摩耗が極小になる)切削速度が存在することになります。この切削速度の具体的な値は工作物の材質や加工環境、切削条件によって変わるため一概に示すことはできませんが、生産現場で実験を繰り返すことにより導き出すことができます。

要点BOX
- ●すくい面摩耗は熱、逃げ面摩耗は擦れが主因
- ●摩耗速度は凝着摩耗、拡散摩耗、機械的摩耗を足したもの

図1　工具摩耗・損傷の種類

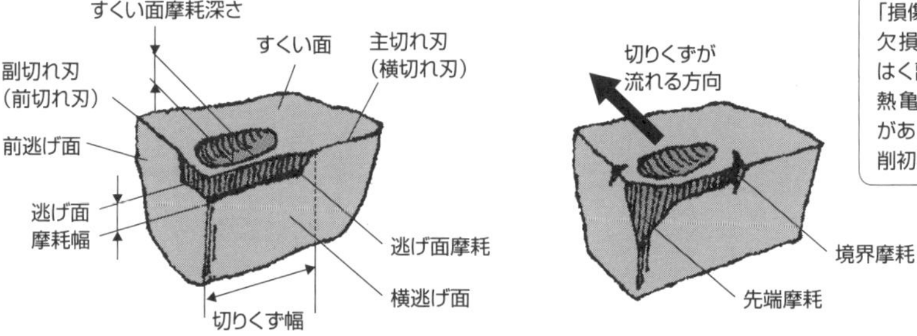

図2　切削速度と摩耗速度の関係

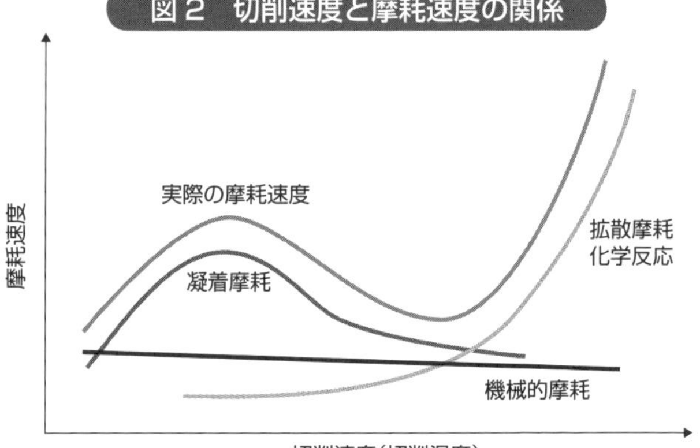

図3　工具摩耗・損傷の原因

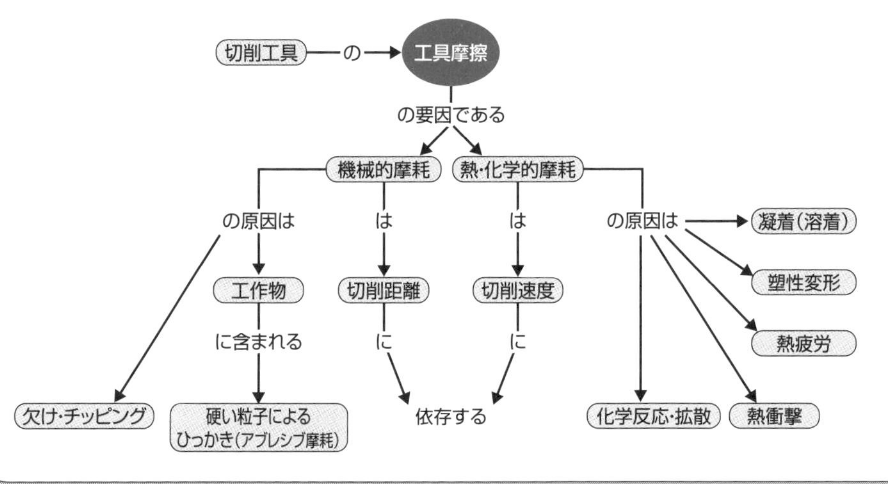

67 新しい切削油剤の供給技術

高圧クーラントと動くノズル

切削油剤の働きは主として「冷却、潤滑、切りくずの運搬」で、効果的に使用することで、加工能率を高く（切削速度を高く）でき、加工品質を向上させ、工具寿命を長くすることができます。切削油剤は金属加工にとってきわめて重要なアイテムです。切削油剤の供給方法は、①ノズルから切削点に向けて供給する方法（外部給油方式）、②ホルダの先端から切削点に向けて供給する方法（内部給油方式）の2種類があります。外部給油は切削点までの距離が遠く、切削油剤が効果的に供給できませんが、内部給油は外部給油では届かない箇所でも適正に供給することができます。

近年では高圧ポンプによって、数MPaに加圧した切削油剤を内部給油方式で切削点に供給する「高圧クーラント」といわれる技術が流行しています（図1）。高圧クーラントは高圧洗浄機を使用するイメージです。

生産現場では加工コストの低減は恒久的な課題であり、その対策には自動化と高能率化があげられます。自動化を阻害する主因の1つに切りくずがあります。切りくずが長く繋がると、工作物や工具に絡みつくため自動化を行うことができません。高能率化には工作物の高周速化が1つの手段ですが、高周速で加工すると切削熱が高くなり、工具寿命が短くなります。とくにステンレス鋼やチタン合金、インコネルなど耐熱性の高い難削材といわれる材料では高周速化はできません。すくい面と切りくずの間に圧力の高いクーラントを供給すると、クサビの効果によって切りくずを強制的に湾曲させ折断することができます（図3）。また、高圧で吐出する切削油剤は切削点近傍まで浸透するため、切削熱を除去する効果がきわめて高いことが特徴です。高圧クーラントを使用することにより、自動化と高能率化を両立させることができ、生産性を向上させることができます。

要点 BOX
- ●高圧クーラントは自動化と高能率化を両立可能
- ●新しい技術の採用がポイント
- ●ノズルを可動させながら切削油剤を供給する

図1　高圧クーラント

●通常のクーラント供給による切削

●高圧クーラントによる切削

切りくず

切りくず

図2　高圧クーラントの有無による切りくず形状の違い

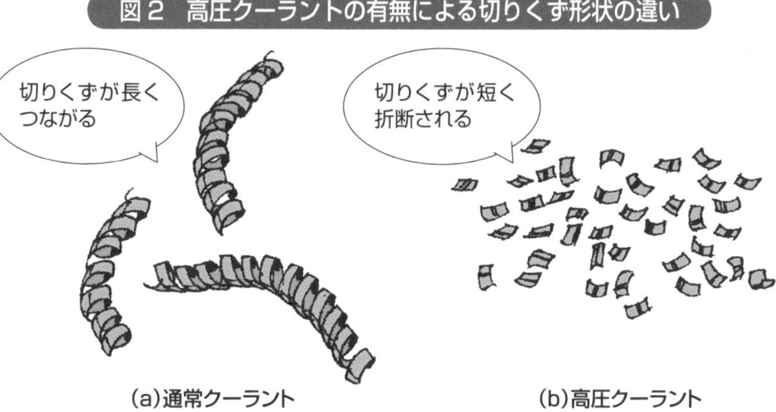

(a)通常クーラント　　(b)高圧クーラント

図3　高圧クーラントによる切りくずの折断

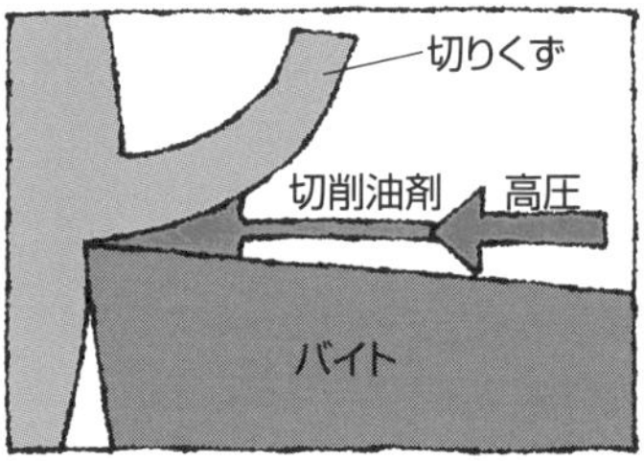

切りくず

切削油剤

高圧

バイト

高圧クーラントは圧力や流量を柔軟に制御できる装置が開発され、工作物の材質や切削条件に適した圧力と流量も明らかになってきている。

図4　動くノズル

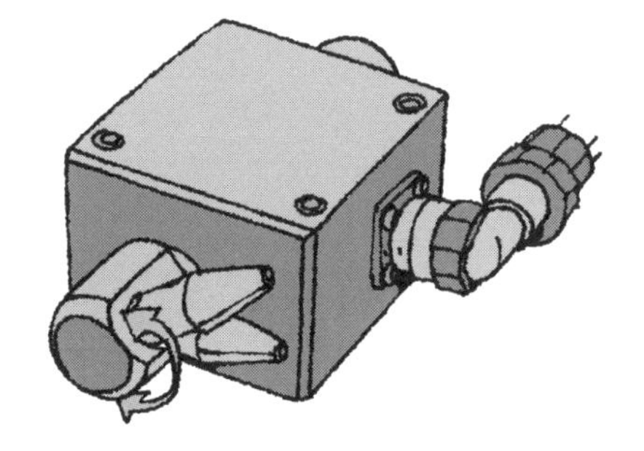

切りくずの折断を助ける効果を持つ技術として、ノズルを可動させながら切削油剤を供給する「動くノズル」も流通している。

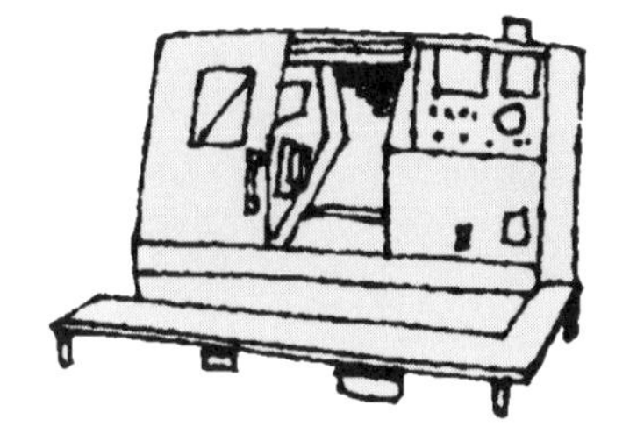

【参考文献】

・「わかる！使える！マシニングセンタ入門」日刊工業新聞社、澤武一著
・「目で見てわかるスローアウェイチップの選び方・使い方」日刊工業新聞社、澤武一著
・「目で見てわかるドリルの選び方・使い方」日刊工業新聞社、澤武一著
・「目で見てわかる旋盤作業」日刊工業新聞社、澤武一著
・「トコトンやさしい切削工具の本」日刊工業新聞社、澤武一著
・「トコトンやさしいマシニングセンタの本」日刊工業新聞社、澤武一著
・「トコトンやさしい旋盤の本」日刊工業新聞社、澤武一著
・「絵とき 続『旋盤加工』基礎のきそ―スキルアップ編―」日刊工業新聞社、澤武一著
・「基礎をしっかりマスター　ココからはじめる旋盤加工」日刊工業新聞社、澤武一著
・「絵とき『旋盤加工』基礎のきそ」日刊工業新聞社、澤武一著
・「工作機械産業ビジョン２０２０」日本工作機械工業会
・ＤＭＧ森精機株式会社ホームページ

ま

や・ら・わ

な

は

た

か

索引

英・数

あ

●著者略歴

澤　武一（さわ たけかず）

芝浦工業大学　工学部　機械工学科　教授
博士（工学）、テックマイスター、ものづくりマイスター
1級技能士（機械加工職種、機械保全職種）

2004年 国家検定1級技能士取得（機械加工職種、機械保全職種）
2005年 熊本大学大学院修了　博士（工学）
2014年 厚生労働省 ものづくりマイスター認定
2019年 厚生労働省 テックマイスター認定
2020年 芝浦工業大学　教授

専門分野：固定砥粒加工、臨床機械加工学、機械造形工学

主な著書

- わかる！使える！機械加工入門＜基礎知識＞＜段取り＞＜実作業＞
- わかる！使える！作業工具・取付具入門＜原理＞＜使い方＞＜勘どころ＞
- 今日からモノ知りシリーズ「トコトンやさしい切削工具の本」第2版
- 今日からモノ知りシリーズ「トコトンやさしい工作機械の本」第2版（共著）
- 今日からモノ知りシリーズ「トコトンやさしい切削工具の本」
- 今日からモノ知りシリーズ「トコトンやさしいマシニングセンタの本」
- 今日からモノ知りシリーズ「トコトンやさしい旋盤の本」
- 目で見てわかる「スローアウェイチップの選び方・使い方」
- 目で見てわかる「ドリルの選び方・使い方」
- 目で見てわかる「使いこなす測定工具」—正しい使い方と点検・校正作業—
- 目で見てわかる「ミニ旋盤の使い方」
- 目で見てわかる「エンドミルの選び方・使い方」
- 目で見てわかる「研削盤作業」
- 目で見てわかる「機械現場のべからず集」—研削盤作業編—
- 目で見てわかる「フライス盤作業」
- 目で見てわかる「機械現場のべからず集」—フライス盤作業編—
- 目で見てわかる「旋盤作業」
- 目で見てわかる「機械現場のべからず集」—旋盤作業編—
- 絵とき　続「旋盤加工」基礎のきそ—スキルアップ編—
- 絵とき「フライス加工」基礎のきそ
- 絵とき「旋盤加工」基礎のきそ
- 基礎をしっかりマスター「ココからはじめる旋盤加工」
- 目で見て合格　技能検定実技試験「普通旋盤作業2級」手順と解説
- 目で見て合格　技能検定実技試験「普通旋盤作業3級」手順と解説

……いずれも日刊工業新聞社発行

今日からモノ知りシリーズ
トコトンやさしい
NC旋盤の本

NDC 532

2020年1月30日　初版1刷発行
2024年6月28日　初版4刷発行

©著者　澤　武一
発行者　井水 治博
発行所　日刊工業新聞社
東京都中央区日本橋小網町14-1
（郵便番号103-8548）
電話　書籍編集部　03(5644)7490
販売・管理部　03(5644)7403
FAX　03(5644)7400
振替口座　00190-2-186076
URL　https://pub.nikkan.co.jp/
e-mail　info_shuppan@nikkan.tech
企画・編集　エム編集事務所
印刷・製本　新日本印刷

●DESIGN STAFF
AD――――志岐滋行
表紙イラスト――黒崎　玄
本文イラスト――小島サエキチ
ブック・デザイン――大山陽子
（志岐デザイン事務所）

●
落丁・乱丁本はお取り替えいたします。
2020 Printed in Japan
ISBN　978-4-526-08032-6